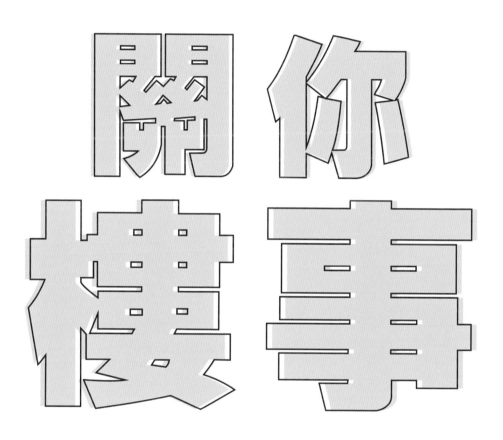

關你樓事

Ben Sir 海外睇樓團

CONTENTS

CONTENTS

隔山買牛你要知

自序

結構上,「鬼關你事」可以講成「關你鬼事」;同理,「樓關你事」都可以講成「關你樓事」。但係,外地樓,又關你 Ben 事咩?

點解咁離地講外地樓?因為香港樓唔再關你事,貴到唔再關你事。

四月中,經紀介紹咗三個大坑嘅單位畀我,約 200 呎,賣 500 鬆啲萬,到月尾返香港問番經紀,佢話賣咗,只係兩個禮拜就去咗三件貨!直至而家六月中,再冇呢啲貨,梗係冇啦,因為沙田河畔花園,同樣呎數都賣咗 560 萬,仲點關你事?

只要打開手機撥一撥,就見到樓價破頂嘅消息,係各級檔次嘅單位都破頂。豪宅、太古城、深水埗居屋、北角居屋、上車樂園天水圍,反映整個樓市每個層次都有支持,咁樣,仲點關你事?

車位,亦都癲升,天水圍車位平均 150 萬。唔通我哋突然考到大量車牌,車位需求大增?定抑或樓價太高,惟有寄情喺車位,起碼易入手,短炒都好吖。結果,一窩蜂一湧而入,車位,仲點關你事?

港大有博士研究近三年嘅劏房面積,發現由平均 60 平方呎,縮到 50 平方呎,愈縮愈細,愈細愈貴。190 呎嘅新樓「劏房」單位,喺大埔賣 400

萬,而同樣大細,喺何文田就賣近 500 幾萬。連劏房都有價有市,仲點關你事?

　　唔夠錢畀首期,就有發展商提供二按,再加埋父幹、母幹、爺幹,幾代人供一個單位,三代人嘅需求,樓市點會跌?仲點關你事?

　　名人高官紛紛入市,幾千萬過億咁入,就連上任庫務局局長離任前半年呼籲市民小心樓市,半年後離任自己就以首置身分,買咗間三千幾萬嘅堅尼地道豪宅。佢哋係名人,入市入幾千萬;我都算名人,就睇啲 500 萬。香港樓,真係關你 Ben 事咩?

　　即使而家喺香港真係買得起,仲會唔會買?係咪一定要同人哋嘅價值觀一樣?走?移民?又未使咁絕。部分資產移民得唔得呢?好多中產,樓又供完,又要留一筆畀仔女讀書,剩番百零萬點算?入多間香港樓又唔夠,買股票又驚,陣間唔覺意買咗架德國車仲死⋯⋯

　　咁,就要買本《關你樓事》喇。

Ben Sir 歐陽偉豪博士

滙率及單位對照表

面積	
1 平方米　=	10.76 平方呎
1 坪　=	35.58 平方呎
1 帖／疊　=	17.43 平方呎
1 英畝　=	43,560 平方呎

兌換率			
日圓：7.3	（即 7.3 港幣	=	100 日圓）
台幣：3.7	（即 1 港幣	=	3.7 台幣）
泰銖：3.9	（即 1 港幣	=	3.9 泰銖）
令吉：2.0	（即 1 港幣	=	2.0 令吉）
美元：7.8	（即 7.8 港幣	=	1 美元）

日本篇

東京

日本呢個地方絕對係港人至愛，男嘅鍾意佢哋嘅動漫、電玩、車、女仔；女嘅就鍾意佢哋啲和服、櫻花、潮物、靚衫；成班大人喜歡吃喝玩樂；細路就衝入迪士尼或者 Sanrio，總而言之港人一聽到啲嘢係「Made in Japan」嘅，那怕只係一枝鉛筆，都覺得特別好寫，如果唔係，點會有咁多攻略教你喺日本食、買、玩同瞓先得㗎？講開瞓，去日本住雖然唔係新興玩意，但勝在層樓係「Made in Japan」嘛，更重要係你買得起！

認識東京

　　日本由北海道、本州、四國、九州，同埋六千幾個小島組成，而港人最常去嘅東京，其實係位於本州之上。

　　東京總面積有 2,162 平方公里，包括有 23 個特別區、26 個市、5 個町同 8 個村，人口目前大約為 1,301 萬，相當於全日本人口數目嘅十分之一；若連同周邊的千葉縣、神奈川縣同埼玉縣組成「首都圈」計，人口則達到 3,700 萬。喺 2013 年 4 月《世界城市區域研究》（Demographia World Urban Areas）發布第九屆調查報告，指東京係全世界人口最多嘅都會區；你喺東京過條馬路都估到呢個地方人口密度有幾高。雖然人多啫，但根據英國財經雜誌《經濟學人》發表《2017 年城市安全》報告，以數碼安全、衛生安全、個人安全及基建安全四方面作評分，指東京、新加坡與大阪分別躋身頭三名，香港排第九，加上潮流美食、空氣好、交通便利、夜生活豐富等實際生活因素，令東京同大阪成為理想置業城市。

　　日本嘅經濟喺全球嚟講都係數一數二，曾幾何時大家都追捧過嘅日本電玩、大人至愛嘅相機，甚至你屋企嘅電視、雪櫃、冷氣機都係日本牌子、日本製造。事實上，東京係全球四大世界級城市之一，2016 年國民生產總值（GDP）達 9,472.7 億美元，超越紐約嘅 9,006.8 億美元成為全球第一，同時亦係全球第三大金融中心，僅次於紐約及倫敦。

　　另外，雖然有指「日本經濟迷失」唔知幾多個 N 年，事關一層樓可以供足三代人。不過，隨着全球經濟進步，日本經濟亦開始有改變嘅迹象。根據日本總務省數據，2018 年 1 月失業率由前一個月嘅 2.8% 跌至 2.4%，低於市場預期嘅 2.7%，亦係自 1993 年 4 月以來最低。同時，1 月招聘求職比例維持於 1.59，保持自 1974 年 1 月以嚟最高水平。

　　去過東京嘅朋友都知道，喺東京最主要嘅交通工具就係 JR，以山手線、中央線同總武線為主貫穿整個東京嘅中心。除此之外，仲有地下鐵可以選擇。

至於大家最關心嘅樓價，又點可以唔講呢，根據日本房地產調查公司東京 KANTEI 嘅數據顯示，截至今年 1 月，喺東京以一個面積 70 平方米（約 753.1 平方呎），23 個特別區的平均叫價為 3,598 萬日圓（約 265.1 萬港紙），如單計東京中央六區，即包括千代田、中央、港區、新宿、文京、澀谷，同一面積單位叫價則為 7,354 萬日圓（約 541.7 萬港紙）。

日本各城市 70 平方米二手單位平均叫價（2016-2018）

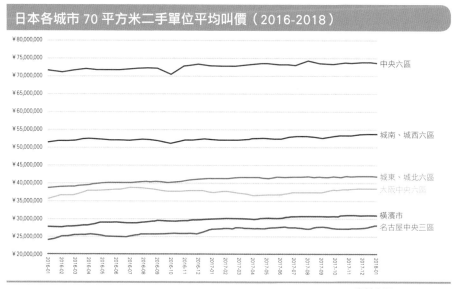

資料來源：Tokyo Kantei

　　就咁睇，東京地區嘅樓價比起表中嘅大阪同其他地區都仲要高，但呢個世界嘅嘢都只係貴買貴賣啫；再睇真啲，東京中央六區買一層樓要相當於 541.7 萬港紙好似好貴咁，但講緊呢層樓係有 753 平方呎，平均呎價講緊係 7,193 港紙。用同樣嘅價錢同面積去對比香港樓嘅話，最多都只能夠買到香港最北邊嘅天水圍大型屋苑一個兩房嘅單位，論地點都已經輸咗幾條街啦，咁你明白點解東京樓價貴為日本之首，但都仲吸引唔少外資，包括我哋香港人嘅錢越洋啦。

置業前須知

東京嚟緊最大型嘅盛事莫過於 2020 年奧運會,亦正因為呢個原因,東京啲樓先至搞到水漲船高,不過,都仲未夠香港離譜。

喺東京係有 23 個特別區,簡單啲可以再分成 5 個區域:

（圖片來源:維基百科）

東京中央六區	千代田區、中央區、港區、新宿區、文京區、澀谷區
東京城東六區	台東區、江東區、墨田區、葛飾區、江戶川區、荒川區、足立區
東京城西四區	中野區、杉並區
東京城南三區	目黑區、品川區、大田區、世田谷區
東京城北五區	豐島區、板橋區、北區、練馬區

對於投資者嚟講，毫無疑問中央六區必然係重中之重，而且呢六個區裏面以最多豪宅、政府辦公機構、大牌老字號的企業總部、商業設施見稱，再加上新宿同涉谷區呢兩個購物、娛樂集於一身嘅地方，有乜可能唔熱鬧？樓價有乜可能唔升？更何況呢啲咁多旅客到嘅地方，就算將個單位租出去比喺東京返工嘅商業客長租又好，轉做 Airbnb 又好，出租嘅機會率都高好多啦。

　　調返轉頭，如果你係一心諗住喺日本買樓嚟自住退休嘅話，咁就要揀番離開中央六區嘅地方喇，因為自己長住嚟講，點都想搵個靜啲嘅住宅區嘅。

　　就好似位於東京城西嘅世田谷區咁，雖然唔係喺東京嘅市中心，但呢區嘅發展都唔錯，最矚目還屬二子玉川區域，喺 2015 年 4 月全面開放嘅「二子玉川 rise 商業中心」，到依家已經吸引咗一百五十幾間唔同種類、性質嘅客租進場，包括有酒店、寫字樓、戲院、work shop、便利店、club house、購物商場等等，其中仲有著名嘅樂天本社添。而呢個商業中心嘅購物商場都有唔少專為小童而設嘅兒童設施，再加上沿岸本身有唔少公園，令二子玉川區域成為一家三口選擇居住嘅最佳城市之一，更登上咗由日本人投票選出、2016年「日本全國最想居住的地區」嘅第四名。

　　另外，東京城南嘅目黑區都喺「日本全國最想居住的地區」榜上有名。排行 15 嘅目黑區附近嘅電車站有武藏小山站（Musashikoyama）以及西小山站（Nishikoyama），交通方便之餘便利店同超市總有一間喺左近；道路嘅周圍

種咗好多樹，附近亦有唔少公園，閒時可以去散步。仲有，呢度其實都有好多條商店街，當中包括咗東京最長嘅室內商店街「武藏小山的 Palm」，怪不得每年嘅調查都顯示有 90% 當地居民話仍然想住喺黑目區，可想而知呢個地方幾好住。

揀好區域就開始着手揀樓啦，近 JR 或地鐵站是常識吧！無論你買層樓返嚟自住又好，放租又好，交通方便呢四個大字基本上都係通殺咁滯；若然真係無得揀，要遠少少嘅話，都真係唔好超過 15 分鐘腳程呀，你諗吓，如果你自住，買完嘢一袋二袋咁由落車個位行返屋企；又或者你放租畀人，租客一唸二唸咁拖住行過去，春、秋呢啲清涼時分都還可以，大熱天時或者傾盆大雨嘅話都真係幾攞命。

喺日本買樓有一樣嘢反而覺得幾得意，就係佢哋唔介意個單位附近係有墳場，點解？習俗問題囉；如果你個單位係曾經被人「爆格」嘅話，咁你就真係疊埋心水層樓自己住啦，事關日本人視自己錢財同屋企裏面所有嘅嘢為寶物，爆竊案會影響單位後續嘅出租率同樓價升值。你買嗰時都要問清楚上手業主呀，萬一鬼掩眼買咗，莫講話賣出去，你就算平租都無人「吼」呀。

嘩！日本地震多，就算 7 級地震，都好少發生房屋大規模倒塌，因為日本建築物有高抗震標準。喺 1981 年，日本制定咗「建築基準法」，規定日本建築物必須能夠抵禦 6 至 7 級地震，呢個標準係全國通用，無話因為呢度地震少啲，嗰度地震多啲而有唔同。呢個基準生咗出嚟之後就 keep 住一路都有修改，要「與時並進」嘛，所以到咗 2005 年，日本將住宅、樓房嘅抗震標準提高至要經得起 6 至 7 級地震搖晃而不會坍塌，同時制定計劃，到 2015 年要有九成住宅建築達到呢一個標準，所以買日本樓就最好買 2005 年後建成嘅房子，因為呢類型嘅樓一定係通過咗最新嘅「建築基準法」。

　　另外，日本買一間，甚至係一棟樓嘅話，所有嘅大權包括房屋同土地權，大部分都係屬於永久個人私有，咁當然仲有部分土地只係得租用權啦，所要睇清楚物業地皮係永久地定係租賃地，如果係永久地嘅話，咁你係可以隨意去重建或者改裝；萬一買咗租賃地上面嘅物業，咁地皮連房屋都會喺指定時間後被收回。

　　功課再做多啲都唔怕嘅，記住「準備要謹慎，決定要兇狠」！

參考資料：
東京官方網站
日本總務省
Haseko-Urbest

大業主初體驗
日本橋「一棟都有」

買層樓返嚟放租畀人住然後收租，呢啲都係喺地產物業嘅投資基本功；但如果你話買一棟物業返嚟放租出去唔止畀人住，仲可以畀人做生意，做大包租公呢？咁你又試過未？

喺日本東京橋室町呢度，有一棟樓高三層的全棟式物業企咗喺轉角位旁，就可以做到頭先所講嘅大包租公啦！點解？不如逐層逐層睇吓呢度有啲咩先啦！

地庫係酒吧，而第一層即係地下嗰層，先嚟一間意大利餐廳，餐廳本身裝修係唔關你事，但佢生意好唔好都關你事㗎嘛，你見呢度裝修得整齊，門口紅、綠、白三色仲唔係意大利國旗嘅顏色？咁吸睛嘅門面，相信可以吸引到唔少客人。至於一樓就係一間居酒屋，有賣日式串燒烤肉，雖然係設於一樓，但你都知烤肉嗰陣味可以傳千里㗎嘛，啲食客跟住啲香味，加上地點又喺轉角位旁，同

民宿住客或者上居酒屋嘅食客就可以由呢條樓梯行上去，樓梯置於室外，咁就唔會嘈到室內嘅人啦。

就係呢棟集商住於一身嘅大廈啦喇，地庫酒吧，地下就係意大利餐廳，一樓係居酒屋，二樓同三樓就係民宿。

埋有烤肉店嘅招牌掛咗喺牆度，理得你喺條街頭定街尾，咁多咁 iconic 嘅嘢又點會搵唔到上門先得㗎。單計地下同一樓呢兩間食肆，租金回報率就約有 5%。至於二樓同三樓就勁啦，就係民宿嚟嘅，各自一層只係得一間房同一個廁所啫，Airbnb 喺日本係唔犯法㗎嘛，再加上早前日本都通過咗起賭場單嘢，預計到日本嘅旅客只會有增無減。

　　至於位置方面，其實呢度極近鐵路站，行大約 2 分鐘就會到東京銀座線嘅三越前駅，或者東京半駅門線三越前駅；行遠少少，講緊大約 5 分鐘左右，就可以行到去 JR 駅武本線嘅新日本橋駅，再行多兩步，約由物業起計 6 分鐘到啦，就可以去到東京東西線嘅日本橋駅。你都知啦，東京係日本嘅商業核心地帶，而呢個位置就正正係東京嘅心臟咁，就連日劇《半澤直樹》都喺呢度附近一帶取景，夜晚收工夜咗嘅話去食啲嘢返屋企都好正常。仲有呢度除咗日本橋之外，仲有兩大百貨地標高島屋與三越本店外，自 COREDO 日本橋百貨開幕之後，亦都帶

呢度就係地下層嘅意大利餐廳，裏面以木材傢俬為主，甚有風味。

夜晚開晒燈之後，再加埋呢個門口紅、綠、白三色篷蓬，遠望都見到呢度有間意大利餐廳啦。

一樓就係居酒居，有售賣烤肉同串燒嘅。

動呢一區嘅旅遊，仲要呢一區一向都被評選為東京最佳地理位置住宿之一，顧客滿意度比同區域的高，唔理食定住，都真係唔愁無生意。

呢棟三層高嘅商住物業總面積（即係壁芯面積）1,790 平方呎，地庫至三樓每層面積大約 35.22 至 37.22 平方米（約 379.0 至 400.5 平方呎），呢四層樓面積差唔多，而四樓就相對細啲，面積約 21 平方米（約 226.0 平方呎）。呢度屬於商業用地，依家意大利餐廳同埋烤肉店都係租緊出去嘅，而民宿個格局都 standby 好晒，即係話係連租約賣，而售價就係 1,810 萬港紙。不如去睇吓舖先啦，未來大包租公。

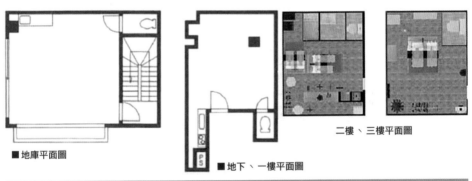

■地庫平面圖

■地下、一樓平面圖

二樓、三樓平面圖

樓盤小檔案	
整棟物業面積	壁芯面積 1,790 呎
地址	日本東京橋室町
落成日期	1982 年 5 月 13 日（昭和 5 月 13 日）
樓價	1,810 萬港元
首期	724 萬港元
銀行按揭（以最高六成計算）	1,086 萬港元

參考資料：東日日本物業

呢度就係三樓嘅民宿，呢度有兩張牀，瞓到兩個人。後面仲有一張高身嘅餐枱同四張圓高櫈。

鍾意嘅話你都可以
將兩張單人牀併埋
一齊變成一張雙人
牀嘅。

呢度就係三樓一
個民宿嘅房間,
同樓下唔同,呢
度就得張雙人牀
啫,因為三樓嘅
面積比起二樓係
細啲嘅,租金自
然平啲啦。

雖然地方細啲,但係
呢度都有兩個大窗,
絕對無侷促嘅感覺。

另外，呢度仲提供埋洗衣機畀
你，設備都真係唔錯。

兩個民宿各自有一個廁所。

地方細細就無辦法啦，無
浴缸就用住個企缸先啦。

黃金「路畸純」
池袋的骰單位

　　去到東京，除咗新宿同涉谷之外，池袋都係核心地帶，呢度有唔少商業大廈同娛樂場所，更加係唔少百貨公司嘅進駐點，一個咁繁華嘅地區買層樓咪以為好貴，講緊百零萬港紙就有交易啦！「係真唔係呀？」即刻帶你去睇！

　　呢棟樓高 11 層嘅物業就係位於池袋，距離東京 Metro 丸之內線「新大塚駅」只係 8 分鐘路程；行多 1 分鐘就會到 JR 山手線「大塚駅」；若然再行多 3 分鐘嘅話，即係前後同棟樓離 10 分鐘步程到啦，就可以去到東京 Metro 有楽町線「東池袋駅」，咁近鐵路嘅物業，不論係樓價還是係出租畀人嘅出租率同租金收入都唔使驚啦，一層樓最緊要係咩呀？三樣嘢：Location、Location 同 Location。

咪睇個樣好似舊舊哋咁呀，呢度有自動鎖，保安唔差㗎。

今次嘅主角就係呢棟外表啡啡紅紅嘅大廈喇。

而位於呢棟大廈 11 樓嘅一個一房單位就正正賣緊盤，講緊個單位建築面積 209 平方呎，賣緊 121 萬港紙，而每月嘅管理費就係 7,410 日圓（約 540.9 元港紙），至於每月修繕積立金就係 7,800 日圓（約 569.4 元港紙），兩樣嘢加埋都係千零蚊港紙一個月，收租都夠 cover 啦。

呢度位處頂層，所以景觀好開揚，無遮無擋仲要面向東南，好風又好太陽。而成棟大廈嘅設備都完善，有停車場、自助入銀仔洗衣機、電梯等，仲有管理員巡邏同大堂自動鎖，夠晒安全啦。

今次介紹嘅就係呢棟大廈頂樓一個一房單位。

呢隻落地大玻璃窗引入唔少室外光線到室內，成個單位好光猛，即使 size 唔大但都唔覺得好侷促。

單位裏面仲有電視機、微波爐同小型雪櫃，真係啱晒租畀旅客。

講明呢度係商業區，你買層樓返去唔住都可以出租畀呢度附近返工嘅打工仔。而大塚保留了不少舊建築，加上市內有都電荒川線行駛，有一種時光倒流回到昭和時代的感覺，單係呢樣嘢都吸引到唔少旅客。仲有，雖然最近嘅係 JR 山手線「大塚駅」，但呢個站其實同池袋只係一站之隔，喺池袋玩到边，走過嚟大塚呢度靜一靜都係旅客常走嘅路線圖，呢度真係唔愁無租客㗎。

至於周邊附近嘅生活配套都唔錯，好似有食肆、超市、AEON 生活百貨、藥妝、購物街、醫院等等，無論係你住定係你嘅租客住，都非常咁方便。不如一齊入屋睇睇。

樓盤小檔案	
相片單位建築面積	209 平方呎
地址	東京都豐島區池袋
落成日期	已落成現樓
樓價	121 萬港元
首期	48.4 萬港元
銀行按揭（最高相當於樓價六成計算）	72.6 萬港元

參考資料：東日本物業

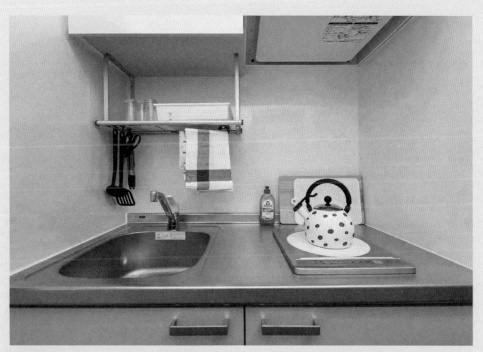

廚房有個電子爐喎,「餓唔餓?煮個麵畀你食吖?」

浴室三件頭齊晒,以白色為主。

如果有睇過吓日本樓嘅朋友都應該見過喺日本沖涼同便便,甚至洗面呢三樣「浴室三寶」係會分開三間房「一物一間」,但呢度就親密啲囉,不過香港都係咁㗎啦,如果真係「一物一間」嘅話,你唔好話古怪呀!

另類投資：膠囊住宅與拖房車

　　大家都知道日本（特別喺人多地少嘅東京）有一種叫「膠囊旅館」、「太空膠囊」，甚至被人叫做「棺材旅館」嘅迷你旅館，呢樣嘢嘅出現，係基於 N 年前去東京做嘢嘅打工仔有時做到夜一夜無車返屋企，於是就喺附近租間房瞓一晚，久而久之就有呢種 size 同香港「納米樓」差不多，但設備齊好多嘅「膠囊旅館」出現。依家好多時遊客都會貪得意住番晚，體驗一下「瞓棺材」嘅滋味。

　　喺日本買膠囊住宅唔係話難，但亦都唔係容易，事關膠囊住宅嘅出售渠道少，通常你喺日本地產代理見到嘅係成棟膠囊旅館嘅形式出售，類似等於買棟酒店返嚟做咁啦。參考番，喺網上面 search 到一棟位於日本東京都文京區湯島 3 丁目嘅一棟四層嘅膠囊酒店，全棟樓面積 660.66 平方米（約 7,107.6 平方呎），土地面積為 131.9 平方米（約 1,419 平方呎），總共有 112 張牀提供，一年營業額約 7,440 萬日圓（約 553.4 萬港紙），成棟樓售價講緊係 3 億日圓（約 2,231 萬港紙），計落嚟租金回報率高達 24.8 厘。

　　以呢個價錢嚟講，再對比番香港樓價，的確係可以買得到港島區老牌傳統藍籌屋苑嘅三房單位兩個咁滯，不過呢兩個單位收唔收到一年 553.4 萬港紙嘅租金收入？唔使計都知肯定唔得啦，但問題在於你有無咁大舊錢可以咁樣揼出嚟先？

「CAPSULE-CUBE」裏面以兩個房間，每個有兩張牀嘅格局砌成，呢度就係其中一間房喇。

其實就咁望上去空間都唔係話太窄嘅。

拉開門簾就會見到張單人牀喺度嘅喇。

呢個係內有四張牀嘅「CAPSULE-CUBE」。

上下格牀旁邊仲有隻窗，絕對唔係黑房。

「咁有無單一個膠囊賣呀？」原來真係有，幾經辛苦終於搵到，喺日本一間叫做「拖車屋開發有限公司」（トレーラーハウスデベロップメント株式會社），佢哋有一個品牌叫做「X-CUBE」本身係做啲組裝式嘅組合設備，好似有「SHOP-CUBE」、「HOTEL-CUBE」、「TOILET-CUBE」、「SMOKING-CUBE」同埋「CAPSULE-CUBE」，好明顯我哋嘅 target 就係「CAPSULE-CUBE」。

　　根據網站介紹，外形為深啡色嘅「CAPSULE-CUBE」有分四張牀同八張牀兩個 size，以一個四張牀嘅膠囊為例，當中設有兩間房，每間房各放置兩張牀，亦可以根據需求去安裝冷氣、暖氣、電視機同雪櫃，呢一種設計係可以作為臨時住所、宿舍，每個嘅售價係 550 萬 日圓（約 40.9 萬港紙）。

單一個「CAPSULE-CUBE」用嘅話駁條樓梯就變到好似間屋咁啦。

至於你話想件事舒服啲，唔好住喺膠囊好似好可憐咁，原來喺日本有一種流動型嘅房屋叫做「拖房車」，類似喺外國見到人哋嗰種旅行車咁。

其實「拖房車」嘅出現只係畀人哋用嚟做臨時嘅寫字樓、辦公室，期後用途變變吓仲可以做埋兩房、三房，甚至係別墅嘅住宅，由於結構其實係一架車，所以呢種就係所謂嘅「動產」，你買入嘅話，對方提供畀你嘅保險就係「拖房車保險」，都即係「動產保險」（咁當然有包埋一般火險啦）。

若然你打算買一個「拖房車」係城市裏指定區域嘅話，就必須獲得日本拖車協會頒發嘅安裝批准書，同埋要根據佢發出嘅條件去安裝咁先可以，不過，生產「拖房車」嘅公司講到明唔可能永久使用，但佢嘅結構係有隔震嘅作用。

基本生活嘅嘢其實都唔係話好難搞嘅，就好似供水咁啦，只要業主事前通知日本拖車協會，同埋搵市政水利部門搞好供水同排水兩個動作就可以，而呢個動作其實都可以唔使使用工具都做得到，唔使話要鑿地咁大陣仗。

至於入場費就視乎你要幾大 size 啦，喺同一間公司搵到嘅有三種 size，最低消費就 270 萬日圓（約 19.7 萬港紙），on top 仲要計埋運輸費、安裝費、安裝設備費、供水供電設備費等，由於每架「拖房車」嘅價格同你放喺邊所收嘅錢都唔同，所以最好都係 send 個 email 問吓對方啦！

雖然「拖房車」嚴格嚟講唔係一間屋，所以就無乜特定交稅原則嘅，但以「車」嘅角度嚟睇嘅話，咁就因應市政府而定啦，可以收折舊稅；另外，每年嗰次車檢裏面都會收番你汽車稅嘅。

參考資料：
日本飯店不動產與日本法拍屋ニュース（http://jpa.core5.org/house/show/247）
トレーラーハウスデベロップメント株式会社
（http://www.trailer-house.co.jp/product/xcube/capsule）
圖片來源：トレーラーハウスデベロップメント株式会社

考入早稻田大學
廿四孝父母買樓當禮物

香港近幾年雖然韓風熱潮四起，不過仍有一班熱衷於日本文化嘅年青人，學得一口流利日文之餘亦希望可以去日本讀書，甚至係長住，Janice 就係其中一個。

早兩年 Janice 考完 DSE 之後，佢嘅分數係可以入到港大或者中大，不過佢選擇考日本出名嘅早稻田大學。Janice 本身讀書唔差，再加上佢嗰口流利嘅日文，最後就當然考得入啦，而 Janice 嘅父母都好開心有個咁叻嘅女，不過就要 Janice 學識自立，始終佢都要自己一個人出國讀書，再唔可以好似中、小學生時代咁依賴父母。

講鬼咩，香港家長出名怪獸㗎啦，Janice 嘅父母要求 Janice 自己搞掂所有學費同生活費，而父母畀 Janice 嘅就係一層喺學校附近嘅樓，無錯！係一層樓！

根據 Janice 所講，呢層樓係喺早稻田大學對面，樓齡有 33 年，屬於一棟三層合共有九個單位嘅舊式住宅設計，建築面積 20.89 平方米（約 224.7 平方呎），size 絕對唔係大，但一個人住就啱啱好。

住宅嘅位置同早稻田大學非常之近，如果行路嘅話其實 5 分鐘左右到就

踏到入學校範圍，而且仲同馬場下町車站同早稻田非常之近，只要一行出去車站附近就有食肆。「我就喺嗰啲食肆度返 part time 賺學費同生活費，一來喺食肆做通常都有一餐可以食，二來因為呢度近學校，其實都有唔少海外生嚟讀書，我除咗講日文之外，廣東話、國語同英文對於喺一間接近國際級學校、附近嘅餐廳嚟講，多種語言溝通係我嘅優勢，所以唔擔心會無人請我，只要我願意做就可以啦。」

對於 Janice 嘅父母嚟講，個女考到入一間咁叻嘅學校就梗係開心啦；至於喺日本買層樓畀佢住，除咗想慳番搵地方租嘅麻煩之外，佢哋都當係一種投資：「大學位於東京新宿區，雖然位置其實係新宿嘅邊皮，眼見東京樓價係咁上嘅時候，就算係邊皮位置嘅樓呀都有得『追落』後啦，同埋層樓係賣 1,480 萬日圓，即係用咗我哋兩公婆百零萬港紙左右（約 109.9 萬紙），除番開都係四千零蚊一呎，對比香港真係好抵！」Janice 嘅父母仲話就算個女喺日本讀完書，喺嗰邊搵到份工打算定居嘅話，都叫做「有瓦遮頭」咁話喎。

永遠都係「有媽的孩子像個寶」，唔理你係「有媽的孩子」定係「有孩子的媽」，反正「靠父幹」或「靠母幹」喺香港都成氣候，呢個 case 只係將件事延伸到日本咁解啫。

大阪

另一個港人遊日熱門地方都莫過於係大阪，雞媬咁大個固力果十字形攤開個廣告咪就係喺大阪道頓堀囉！

大阪絕對係一個四通八達嘅城市，單係喺中央區嘅難波站，由聚集多種小食嘅道頓堀、出售超平二手衫嘅美國村、女生至愛嘅心齋橋、充滿文藝風格嘅南船場、動漫迷朝聖地日本橋、太太們必到嘅千日前道具街，全部都喺呢個站搵到晒。

此外，大阪仲有數不盡嘅大型百貨公司、世界最大嘅海遊館、環球影城同萬博公園，大量最新嘅刺激機動遊戲已經令唔少遊客趨之若騖，嚟緊仲話起賭場添。仲有，大阪亦都體現出關西文化特色城市之一，充滿住熱鬧同多姿多彩嘅搞笑表演，亦都有美味獨特嘅關西三大小吃：燒章魚丸、日式燒餅及炸串，但同時亦有標誌住大阪昔日光輝歷史嘅古文物如地標大阪城，絕對係一個新舊融合嘅地方。

認識大阪

　　大阪位於大阪都市圈、京阪神大都市圈至近畿地方嘅中心城市，全市面積有約 222 平方公里，人口約有 268 萬，以人口／面積計算，其人口密度係全國第二狹窄，僅次於東京。

　　交通方面絕對唔輸蝕得過東京，大阪有關西國際機場和大阪國際機場（伊丹機場）兩個機場，仲有新幹線、高速公路同船舶等交通工具，如果坐新幹線來往大阪同東京或者福岡嘅話，其實只係需要兩個半鐘頭啫；如果去名古屋嘅話，50 分鐘就到㗎喇。

　　同東京一樣，大阪貴為一個市，當中都有區之分，而大阪就有 24 個區，包括有都島區、福島區、此花區、西區、港區、大正區、天王寺區、浪速區、西淀川區、東淀川區、東成區、生野區、旭區、城東區、阿倍野區、住吉區、東住吉區、西成區、淀川區、鶴見區、住之江區、平野區、北區、同埋中央區。

喺大阪比較繁忙嘅區其實得幾個啫，位於中央嘅浪速區，著名嘅通天閣、世界大溫泉、新世界、今宮戎神社、朝日劇場、日本橋電氣街等都係喺呢個區裏面，充滿大阪嘅文化氣息。北區嘅中心就係大阪市主要嘅商業區，叫做梅田。梅田絕對係交通最方便，但同時都係最繁忙嘅一站，係由 JR 大阪車站、地下鐵、私鐵幾個鐵路局嘅鐵路總站所結合成嘅交通大樞紐。北區除咗有摩天樓同商務大樓之外，仲有多間百貨公司，如阪急、大丸同阪神百貨，還有年輕人最喜歡嘅 HEP FIVE 和 LUCUA。

最後當然唔少得有中央區啦！中央區係大阪府府廳嘅所在地，亦都係大阪最出名嘅旅遊區，裏面有大家最熟悉嘅道頓堀、心齋橋、心齋橋筋商店街、難波、大阪城公園等等，絕對係 shopping 集中地。但如果要數旅遊區嘅話，不得不提阿倍野區呢個新起嘅區域，嗰度最特別嘅係全大阪最高、高達 300 公尺嘅日本第一高樓阿部野橋車站大樓，仲有 Q's-MALL，就連涉谷 109 都係呢度 set point，絕對係年青人嘅新蒲點。

大阪咁繁華鬧市同五光十色，強勁嘅遊客業再加上本土產業，自然令大阪嘅經濟強勁起嚟。事實上，大阪佔日本整體國民生產總值（GDP）約 8%，其經濟規模拍得住奧地利成個國家，所以大阪喺日本西部經濟中有住核心作用。另外，大阪擁有製造業、流通、物流以及服務業等各種行業，產業分佈平衡，唔會似香港咁只着重金融、地產業，由於業務種類多，所以大阪變成咗中小企業嘅聚集地，而呢啲公司喺全球都佔都有偏高嘅市場佔有率。

再睇番大阪嘅樓市，其實睇番喺「東京篇」講東京樓市嗰時，show 咗個由日本房地產調查公司東京 KANTEI 做嘅數據，裏面都有顯示埋大阪中央六區。其實即係包括有福島區、西區、天王寺區、浪速區、中央區同北區，好明顯呢六個區都係大阪最核心嘅地方，但同東京相比都確係仍然爭咁一截。

日本各城市 70 平方米二手單位平均叫價（2016-2018）

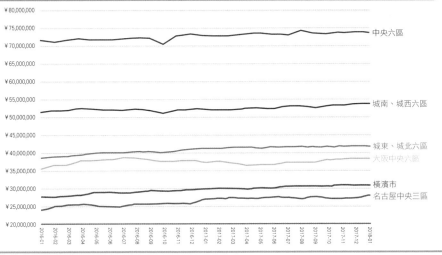

中央六區

城南、城西六區

城東、城北六區
大阪中央六區

橫濱市
名古屋中央三區

資料來源：Tokyo Kantei

　　就咁睇似乎大阪嘅樓價同東京都差一段距離，箇中原因都只係因為外資初初入日本都會入東京先，貪東京係日本首都，正如啲錢要入中國嘅話，都會揀北京先啦，不過依家情況有少少唔同，事關東京嘅樓價係高企，但對於我哋做海外投資嚟講，升幅都係另一個重要嘅數據。

不動產價格指數（住宅）（平成 29 年 11 月份）※2010 年平均＝ 100

	住宅總合		住宅地		戶建住宅		マソョソ（區分所有）	
	不動產價格指數（住宅）	對前年同月比（%）	不動產價格指數（住宅）	對前年同月比（%）	不動產價格指數（住宅）	對前年同月比（%）	不動產價格指數（住宅）	對前年同月比（%）
全國	109.8	2.9	98.1	0.7	101.6	1.9	136.4	136.4
ブロック別								
北海道地方	119.3	2.7	92.5	▲14.5	117.5	10.7	171.7	7.5
東北地方	111.4	▲6.5	99.2	▲5.5	108.8	▲7.4	173.3	▲3.4
関東地方	111.4	3.3	100.6	3.1	101.0	1.5	132.3	4.5
北陸地方	109.4	0.7	108.2	▲5.4	(104.7)	(6.9)	(137.8)	(▲1.0)
中部地方	95.9	0.4	89.5	▲0.7	93.8	1.3	123.6	0.8
近畿地方	110.9	5.9	99.3	0.7	101.5	5.3	141.5	9.1
中國地方	103.6	▲1.5	97.0	3.1	97.1	▲6.1	(148.7)	(0.3)
四國地方	98.4	▲2.8	96.3	3.0	92.7	▲6.9	(134.7)	(▲6.1)
九州・沖繩地方	117.9	3.2	96.1	0.0	114.2	5.1	167.5	2.7
都市圈別								
南關東圈	112.9	3.6	101.9	3.4	101.4	1.3	133.9	5.0
名古屋圈	102.3	1.2	101.3	9.0	96.9	▲2.5	124.4	▲0.8
東阪神圈	113.2	7.0	102.9	1.8	102.8	6.4	141.2	9.2
都道府圈別								
東京都	121.8	4.7	110.3	5.9	106.6	1.1	139.6	6.1
愛知縣	106.3	3.0	108.7	15.0	98.6	▲2.7	127.1	1.7
木阪府	113.6	6.4	113.4	5.8	97.4	2.3	140.6	9.4

◎ ブロック　北海道地方：北海道　東北地方：青森・岩手・宮城・秋田・山形・福島・新潟　関東地方：茨城・栃木・群馬・埼玉・千葉・東京・神奈川・山梨　北陸地方：富山・石川・福井　中部地方：長野・靜岡・岐阜・愛知・三重　近畿地方：滋賀・京都・大阪・兵庫・奈良・和歌山　中國地方：鳥取・島根・岡山・廣島・山口　四國地方：德島・香川・愛媛・高知　九州・沖繩地方：福岡・佐賀・長崎・熊本・大分・宮崎・鹿兒島・沖繩
◎ 都市圈　南關東圈：埼玉・千葉・東京・神奈川　名古屋圈：岐阜・愛知・三重　京阪神圈：京都・大阪・兵庫
※ 括弧內の数值については、サンプル数が少ないため、參考値としている。

資料來源：日本國土交通省

　　根據日本國土交通省 2018 年 2 月發表嘅《2016 年 11 月不動產價格指數》，顯示大阪嘅「不動產價格指數」（住宅）升幅比東京為高，按年升 6.4% 至 113.6，而東京都只係升 4.7% 至 121.8，無論係獨立式住宅定係分層單位，大阪嘅升幅都比東京高；更重要嘅係睇番東京同大阪分層單位嘅指數數據，已經超越咗東京，足以反映出大阪樓價升幅快過東京之餘仲開始有爬頭嘅迹象，對投資者嚟講，升幅勁當然係一件好事啦；就算你係自住，層樓係屬於你嘅資產，我諗係人都想自己嘅資產升值啩。

置業前須知

　　正正如前文所講，大阪交通網絡強勁，若然物業靠近 JR、鐵路嘅話，樓價都有一定嘅保障。

　　另外，由於大阪面積較細，加上《工場等制限法》（類似我哋講開嘅建築物用途咁啦），所以大阪嘅大學比較少，計埋得嗰 11 間，亦因為咁所以有唔少大學生都會離開大阪，選擇去其他市嘅大學讀書，目的都只係搵間好嘅大學入讀，亦正因為呢個原因，大學生人口比例都比較少，當然你可以用返學校圈嘅 concept，喺大學附近一帶買樓博出租畀學生嘅話，基本上難度系數會高少少。

　　可能日本人非常着重女性嘅安全問題，就算係坐地鐵都總有幾卡係女性專用車廂，所以坊間都有唔少就有關單身女性點樣喺大阪揀一個最安全同舒適嘅居住區域嘅討論，都真係咪睇小呢樣嘢，自住嚟講安全就梗係重要啦，但就算租畀人，遇着個租客係單身女性嘅話，可能佢會因為層樓係屬於安全地帶而加分添！

　　根據日本租樓中介公司 Minavi 問卷調查嘅結果，訪問全日本 300 名男女，排第一位最安全嘅居住區就係北區，第二名同第三名就係住吉區同中央區。其實北區同中央區都係大阪嘅核心區域，班受訪者不約而同咁話雖然呢兩個地方係屬於商業區，但人來人往，啲舖頭又開到好很夜，方便收工仲有嘢食之餘，唔會靜過鬼、驚驚豬吖嘛！

至於榜上有名嘅住吉區，其實係位於大阪最南部，呢個區雖然相對頭先講嗰三個地區靜啲，但重點係呢度係屬於高級住宅區嘛，你有無見過住喺山頂班友仔半夜三更落街搵宵夜食先？而且仲有公園、體育館呢啲休閒設施，你知大阪生活節奏嗰種緊張法都唔輸蝕得過香港嗰啲㗎嘛，放工返到屋企附近行吓公園，放假落體育館打場波，都可以減減壓㗎。

　　山頂就話搵間便利店都難啫，但係喺住吉區，藥妝店、超市、便利店、各式各樣嘅食肆一應俱全，咁就唔使擔心喺高級住宅區搵啲嘢食吓買吓都要出返去「省城」啦。

　　如果要「親民」啲嘅話，生野區、阿倍野區同西成區都係屬於普通住宅區，價錢當然比頭先講嘅北區、住吉區、中央區，仲有天王寺區呢啲高尚住宅區平啦。

　　到底大阪有幾好住？又有幾安全？一齊睇吓啦！

參考資料：
大阪全球網站（大阪府國際化戰略實行委員會）
Government of Japan, Cabinet Office
（Annual Report on National Accounts）

空間充裕旺中帶靜
中央區三房單位

　　頭先就睇完個心齋橋嘅一房單位啦，咩話？嫌一房太細唔夠住？哦！原來你係一家四口仲有兩個老人家添⋯⋯係係係⋯⋯要三個房先夠但錢唔夠吖嘛，明白嘅，香港地買個三房單位，除非你係買公屋啦，否則都千千聲，唔係幾千蚊個千，而係千幾萬個千！都係要交通好嘅，知道知道，咁不如睇吓呢個又啱唔啱你。

呢度就係所講嘅位於大阪市中央區南本町 4 丁目嘅大廈，你睇吓個夜景幾靚。

呢個都係位於大阪嘅（咁呢篇係介紹大阪㗎嘛），單位 exactly 個位置就係喺中央區南本町 4 丁目，根本就係黐住個地鐵站，咩站？咪就係本町車站囉，唔好話對腳行幾分鐘就到，你單腳跳過去都仲得呀！若然沿住條大路一直行嘅話，大約十零分鐘左右你就可以行到落心齋橋；喂！十零分鐘咋喎，行吓當做運動囉，落到心齋橋血拼係另一種運動㗎嘅。

呢個位置都算叫做超級旺中帶啲啲靜，事關物業身處嘅位置就得幾間餐廳同一兩間便利店同雜貨舖，就唔係話好多嘢，之但係一入車站，從車站嘅對面穿返出地面嘅話，就真係乜都有，啲大型商場呀、政府機構呀、銀行呀，就連神社都有兩個，餐廳嘅選擇亦多好多，嫌過地鐵嘅另一端麻煩？其實你唔出地鐵，行地下街都大把嘢比你行同買啦。

至於要介紹嘅呢個三房單位就係身處呢棟樓高 21 層嘅大廈裏面，單位建築面積 81.89 平方米（約 881.1 平方呎），經過玄關位之後行入一條走廊就會先經過三間三房同浴室，去到單位嘅盡頭先至係客飯廳。唔明呀？呢邊有請。

樓盤小檔案	
相片單位建築面積	81.89 平方米（約 881.1 平方呎）
地址	大阪市中央區南本町 4 丁目
落成日期	2017 年 9 月
樓價	9,300 萬日圓（約 678.9 萬港紙）
首期	3,720 萬日圓（約 271.6 萬港紙）
銀行按揭（最高相當於樓價六成計算）	5,580 萬日圓（約 407.3 萬港紙）

參考資料：JP Housing

入屋睇吓先，頭先講過入屋後會經過三間房同廁所呀、浴室呀，咁我哋就睇吓房間先啦。第一間房嘅建築面積大約係7疊（約122.0平方呎），係三間房之中面積最大嘅一間。

係隔籬嘅第二同第三間房，呢兩間房嘅建築面積同樣大約係5疊（約87.2平方呎）。

走到屋嘅盡頭就係呢個客飯廳喇，右手邊有個好似服務台嘅嘢，你覺得係咩？

登登！無錯！就係廚房啦，呢頭煮完嗰頭出菜，個感覺有啲似茶餐廳，有無少少香港獨有風味咁先？

就由廚房開始行去玄關方向咁樣行一個圈啦，廚房隔籬，即係喺第二同第三間房對出，就係浴室同洗面化妝室。

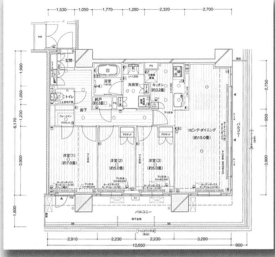

咁就行完一個圈啦，呢個就係單位嘅平面圖啦，清清楚楚畫好晒開門位、地方有幾大、邊度打邊度等等，自便啦。

呢個浴室一啲都唔細，小朋友喺度沖涼嘅話真係有排玩。

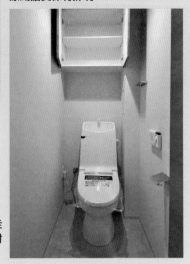

離開浴室同洗面化妝室，走返出走廊，行近第一間房對出嗰一間房仔就係廁所喇。

確實係難得一「寓」
心齋橋都有得住

　　去日本買樓，除咗之前講過嘅東京之外，大阪都係另一個熱門地點，隨住預期日本話起賭場單嘢落實之餘，仲有話第一個賭場選址會喺距離大阪市中心約20公里嘅人工島（夢州），大阪呢個地方已經唔止固力果公仔，喺娛樂設施愈嚟愈強嘅情況之下，只會愈嚟愈多旅客走入大阪。與此同時，日本興建賭場係日本首相安倍晉三刺激當地經濟嘅其中一支箭，預期大阪因旅遊而帶動經濟之下，樓價當然係可以睇高一線，甚至係幾線啦！

大廈係 2017 年底落成，所以係非常新簇簇。

要喺一個咁正嘅地方搵個筍盤就真係唔容易，不過你哋就好彩啦，因為咁啱就畀我搵到一個靚盤。呢個單位位於大阪市中央區東心齋橋 1 丁目呢棟大廈裏面，成棟大廈樓高 30 層，就咁睇上去絕對係屬於新式大廈，噢！原來係 2017 年 11 月先至落成，怪不得啦！

個單位位於心齋橋，你真係唔好問我附近有無嘢食、有無嘢買同近唔近地鐵站，佢根本就係喺心齋橋地鐵站 5 分鐘步程或以內嘅範圍，而喺呢個範圍裏面唔好話吃喝玩樂，銀行、郵局、小學、教堂、超市，甚至佛寺都有。坦白講，如果你真係住喺度做「無飯家庭」，出面圍住你住嗰度嘅餐廳，當你一晚食一間，包你一個月都唔會重複。

到正題啦，呢個單位屬於一房間隔，成個單位建築面積係 40.02 平方米（約 430.6 平方呎），房間佔地 5.1 帖（約 88.9 平方呎），至於客飯廳就係 9.1 帖（約 158.6 平方呎）。單位設有一個露台，廚房採開放式設計，而浴室三寶就變成「一物一間」，唔好憑空想像啦，入屋睇吓啦！

講咗成日，所講嘅單位就係喺呢棟大廈裏面。

呢度有別於一般嘅住宅大廈，雖然就唔係話有好豪華嘅會所，但都有唔少公共空間。呢度就似 reception 多過管理處啦。

呢度都係屬於呢棟大廈嘅公共空間範圍，放幾張櫈喺度畀人坐吓，唔知喺度傾保險或者開迷你補習班又得唔得呢。

唔好喺樓下坐啦，招呼朋友就梗係上樓啦，過咗呢個玄關位就入屋喇，麻煩大家除一除對鞋先啦。

連接客飯廳嘅露台可以畀你種吓花，或者用嚟晾衫。

招呼唔到呀，呢度就係嗰一房單位喇，建築面積 40.02 平方米（約 430.6 平方呎）。

客飯廳同房間係左右並排嘅，趟開度門將兩個空間連埋一齊嘅話，都幾大地方㗎。

走返入屋再睇吓，廚房屬於開放式設計，設計絕不花巧，反正一落街就大把嘢食啦，但係要用呢個廚房煮飯嘅話就梗係無問題啦，買番啲廚具就可以㗎喇。

而呢個叫做「廁所」就一定無錯啦。

所謂嘅浴室三寶其實就係坐廁、洗面盤同浴
缸，我哋香港呢三寶就放埋喺同一個房間，可
以叫做浴室、廁所，或者叫齊洗室。但呢度我
諗呢三個名喺呢度分一分好啲。見到咁鬼大個
缸喺度，好明顯呢個就係叫做「浴室」啦。

唔使問，齊洗室是也。

呢個就係單位嘅 floor plan，格局正正方方，都幾好擺嘢㗎。

樓盤小檔案

相片單位建築面積	40.02 平方米（約 430.6 平方呎）
地址	大阪市中央區東心齋橋 1 丁目
落成日期	2017 年 11 月
樓價	4,180 萬日圓（約 305.1 萬港紙）
首期	1,672 萬日圓（約 122 萬港紙）

參考資料：JP Housing

「我要做老闆！」
和歌山買別墅

揀得大阪嘅樓，無非都係因為樓價比東京仲要低。林小姐都係貪呢樣嘢——之餘，最大嘅原因就係手頭上有筆現金：「我本身揸住兩層樓喺手嘅，一層收租，一層自住，早三、四年前啦，眼見香港樓市真係升到火紅火綠，雖然我自己係業主，都 enjoy 樓價上升嘅，但見到有唔少官員、分析員都話香港樓市有過熱嘅迹象，最重要係香港嘅政局有啲亂，我開頭對樓市前景有啲擔心，於是我就賣咗喺元朗一層出租嘅單位，揸住 200 萬 cash，諗住重新搵過第二個地方再投資。」

套現之後，林小姐話佢身邊都有個朋友喺英國買咗學生宿舍嚟收租，亦有朋友喺日本買樓收租。問過呢兩位朋友之後，林小姐最後決定殺入日本樓市市場。「最主要係日本比英國近啦，其次係我見日本啲樓價都啱我budget。」更重要嘅係佢有一位有經驗嘅朋友幫佢開路，仲介紹埋個 agent 畀佢認識。

林小姐初初對日本嘅樓市情況都無乜概念，惟有上網睇多啲資料，啱用嘅、有用嘅就搵本簿仔 mark 低；又上一啲賣日本樓嘅香港中介公司，search吓東京又 search 吓大阪，「兩個地方我都覺得 OK，而最後揀大阪嘅原因只係個價錢我會更加容易負擔得到。」林小姐話雖然賣咗元朗出租嘅單位令手上有一筆 cash，但係只諗住用一半或以下嘅錢嚟買海外樓，「雖然買『磚頭』係屬於穩定嘅投資，但始終『隔山打牛』嘛，我諗住細細哋試水溫啫。」

其實林小姐最終揀咗棟兩層高，合共 1,213 平方呎嘅海景別墅單位，樓價大約係 110 萬港紙。咁正？喺邊㗎？講真，絕對唔係大阪市中心，但幾乎大部分嘅人都有聽過嘅一個地方，就係和歌山啦。

講番層樓，向住個無敵大海景已經夠正啦，而成棟樓都係以啡木色建成，充滿度假風情，而呢棟別墅落成同林小姐買入相距不足一年，都可以話係新樓，而且講到明呢層別墅可以 set up 溫泉設備，轉營做民宿。雖然係咁，但林小姐唔打算將呢棟別墅轉成以民宿經營：「因為我知道如果我用 Airbnb 方式嚟出租嘅話，每年裏面只得半年係可以開舖，其他日子就只能夠 hea 喺度。」

事實上，林小姐本身係一個全職嘅投資者，佢以靠炒股炒樓收租作為主要嘅收入來源，今次喺日本買咗層向海別墅純粹還自己一個「每日對住個海住，過住悠閒生活」嘅願望，「其實我同屋企人同朋友都會去日本旅行，就當呢層別墅係去日本度假用㗎喇。」

喺日本買層樓嚟度假用嘅林小姐相信唔係第一個，亦相信唔會係最後一個；事關下一個可能就係你。

日本
置業Q&A

雖然「外國月亮特別圓，海外樓盤特別平」，但
喺外地買樓絕對唔係買棵菜咁簡單，相信準買家頭
上都會有一大堆問號，但以我估計都係大同小異嘅問
題：作為一個港人嚟講，到日本 shopping 就試過，但
就係未試過買樓。到你揀好咗心水單位之後，唔係就
咁畀錢咁簡單㗎！

Q: Question
B: Ben Sir

一人一句問 Ben Sir
識答一定盡量答！

Q: 喺香港買樓就一定要經律師去換份契，咁去日本買樓係咪都要搵律師嚟？

B: 其實喺日本買樓係可以唔使搵律師嘅，如果你係透過經紀幫你買樓嘅話，
佢哋都會提供一條龍服務畀你嘅。

Q: 外地人去日本買樓嘅話，其實有咩限制？需唔需要交額外嘅稅？

B: 自從 1998 年 4 月改咗法例之後，對於非日本國籍人士喺當地置業嘅限制已
經取消，換言之唔理你係咪日本人，你都可以喺日本置業，而且稅項同日本
人完全無分別，但係涉及嘅稅項會比較多……

056

買樓時涉及稅項

房產取得稅	相當於資產估值約 3%
釐印費	介乎 1 萬至 54 萬日圓（740 至 39,420 港紙），視乎你買入物業的價格
登記費	固定資產評估額的 2%
保險費	火災、地震保險費等
仲介服務費	〔交易金額 × 3% + 60,000 日圓（約 4,437 港紙）〕× 1.05%
固定資產稅（每年）	相當於資產估值約 1.4%
都市計劃稅（每年）	相當於資產估值約 0.3%
管理費	持有分層樓宇先要畀
修繕積立金	持有分層樓宇先要畀
修繕費	持有包括土地嘅全棟物業先要畀 包括每 10 年一次外牆、屋頂防水工程同維修
管理委託費	全年租金收入 300 萬日圓（約 21.9 萬港紙）或以上，按全年租金收入 3% 全年租金收入 299 萬日圓（約 21.8 萬港紙）以下，按全年租金收入 4%

出租物業需繳付嘅所得稅

每年收入	稅率	扣減
1,950,000 日圓或以下 （約 14.2 萬港紙）	5%	（沒有）
1,950,001 至 3,300,000 日圓 （約 14.2 萬至 24.1 萬港紙）	10%	97,500 日圓 （約 7,117.5 港紙）
3,300,001 至 6,950,000 日圓 （約 24.1 萬至 50.7 萬港紙）	20%	427,500 日圓 （約 31,207.5 萬港紙）
6,950,001 至 9,000,000 日圓 （約 50.7 萬至 65.7 萬港紙）	23%	636,500 日圓 （約 46,464.5 港紙）
9,000,001 至 18,000,000 日圓 （約 65.7 萬至 131.4 萬港紙）	33%	1,536,000 日圓 （約 11.2 萬港紙）
18,000,001 日圓或以上 （約 131.4 萬港紙）〕	40%	2,795,000 日圓 （約 20.4 萬港紙）

出售稅率

資產增值稅	持有 5 年內	（出售物業利潤 － 支出）× 30%
資產增值稅	持有多於 5 年	（出售物業利潤 － 支出）× 15%

留意番，雖然喺日本買樓係可以唔需要透過律師代理，但你嘅地產代理係會幫你計埋以上你需要或者涉及到嘅稅款而一併幫你處理；即使大家去買一手樓而唔經地產代理，係直接同發展商買嘅話，咁就會由發展商幫你處理埋。

若然你之後將物業出租嘅相關稅項，基本上你嘅物業管理公司都會幫你交埋，就正如佢哋幫你處理同層樓有關雜費一樣，需要找數之前物業代理嘅人就會搵你話畀你知你要畀咩錢、畀幾多錢，然後你過錢落對方公司嘅戶口裏面就可以㗎喇。即使你唔經物業管理公司，你搵當地嘅普通地產舖同你放租，地產代理都會幫你搞埋呢堆瑣碎事，皆因佢哋都係會收你手續費，至於幾多錢就視乎你搵邊間地產代理喇。

Q: **咁我點樣開始進入日本嘅物業市場，成為業主？**

B: 一般嚟講都係搵相熟嘅地產經紀，介紹啲日本樓盤畀買家，買家可以親身前往當地睇實樓，或者如果你係資深買家嘅話，甚至係日本樓市嘅常客，睇相或片就已經判斷到層樓係咪抵買，咁樣「隔山買牛」都係可以嘅。事實上依家都有唔少地產公司專營日本物業嘅生意，大家可以揀一啲有信譽、或者有朋友試過、有口碑嘅先好幫襯，畢竟都有聽過一啲海外買樓嘅騙案嘅。

唔理你係用邊種方法，當搵到心水樓盤且在雙方都講好價錢、條件同幾時完 deal 之後，就可以進入簽署購買契約嘅程序，同時需要畀樓價嘅 10% 作為訂金。

Q: **除咗錢之外，我仲需要準備啲乜嘢？**

B: 當然係證明你個人身分嘅香港身分證及護照嘅副本啦，仲有一份嘢叫「宣誓證明書」，呢份「宣誓證明書」係用嚟證明買家喺香港嘅住址，係需要買家簽名嘅。呢份「宣誓證明書」可喺各區民政事務處辦理，唔使錢㗎，記得中、英文版本都要各預備一份。

Q: 咁我點樣幫層樓向銀行申請按揭？申請按揭又要啲乜？

B: 最正路又簡單嘅方法就係委託你嘅日本物業經紀，向日本銀行申請物業按揭。只要提交入息證明、稅單、信貸紀錄等，就可以同銀行申請按揭。

如果物業於東京 23 區內，樓齡唔係太舊、價值約 2,029.2 萬至 2,164.2 萬日圓（約 150 至 160 萬港紙）嘅樓，一般可做到五成按揭；而個別銀行更可做到六成按揭。

根據市場資訊，喺日本嘅中國銀行，估值 2,000 萬日圓的物業（約係 148.0 萬港紙），可承造樓價 50% 按揭，利息為 2.5 至 2.6 厘，按揭年期 15 年或至業主 65 歲為止。另外，買家可透過日本 ORIX 承造按揭，ORIX 是香港少數擁有「有限制持牌銀行」牌照，估值 3,500 萬日圓的物業（約 259.0 萬港紙），最高可造樓價 80%。要留意嘅係，以上兩間機構，都會收相當於貸款額 1.5% 至 2% 手續費。

Q: 嘩！咁鬼多文件嘅，我唔識日文喎，有無英文版喇？查吓字典都好吖！

B: Sorry，日本嘅物業合約（即是契約書）係以日文為主，不過當「錢解決到嘅問題就唔係問題」嘅大前提係，你可以聘請律師翻譯成英文嘅，事關你份文件係屬於樓契條文，搵個律師幫你翻譯，至少律師翻譯出嚟份文件，啲用詞都會準確啲嘛。

如果你身邊有個日文達人而又同你老友鬼鬼嘅，咁可以諗吓搵呢位日文達人幫手，不過你老友對於樓契、法律條文嘅嘢有幾熟，會唔會甚至譯錯咗，就自己執生啦；又或者你係透過地產經紀幫你買樓嘅，坦白講地產經紀為咗做成單 deal，佢又點會無辦法幫你呀，老細！ Anyway，總有個翻譯可以幫到你，到時就「大丈夫」（Dai-zyou-bu）啦！

Q: 日本樓可以聯名買嗎？用公司名義買入又得唔得呢？

B: 明白嘅，自從香港金管局喺 2015 年出咗個措施「第二套自用住宅物業的供款與入息比率上限，由最高 50% 調低至 40%」，聯名物業呢樣嘢喺香港同絕跡幾乎無分別，聯名物業呢啲咁溫馨嘅場面，我勸你都係去日本先好做。

就咁嘅，唔理你係同邊個聯名，總之聯名買樓喺日本買樓係可以嘅。買嗰陣需提交同你一齊聯名做業主個位仁兄嘅住址證明同身分證明書就可以。記得每年報稅時，需要各自填番有關文件。

至於用公司名義買入物業嚟講，需知道用公司名買樓嘅稅，同個人名義買係唔同，而賣樓時都會影響物業嘅估價，一般嚟講以公司名義買樓係比較着數，但實際情況嚟講你可以問你嘅物業代理。

Q: 喺日本買樓唔使搵日本律師，咁可以搵香港律師搞買日本樓手續嗎？

B: 無論你同邊個或以邊種名義買樓，記得都要按日本房地產法例，樓契必須經過持宅地建物取引業免許嘅房地產公司同宅地建物取引主任者蓋章先至可以生效，所以你係唔可以委託香港律師樓辦理日本買樓手續。

Q: 我諗住喺日本買層樓其實係打算之後過去生活嘅，咁簽證嗰度我可以點做呢？

B: 留意番，喺日本買樓唔等於擁有日本居留簽證，不過有幾種方法你可以透過學生簽證、工作簽證、配偶簽證（即係嫁／娶個日本人）、經營簽證（即係喺日本成立一間株式會社，類似香港嘅有限公司）同埋專才簽證，每種簽證由開始至最終得到「永住權」都有唔同嘅條款同年期限制，到時你可以問問中介或地產代理，佢哋都可以幫到你嘅。

投資者 Q&A

Q: 如果我買入日本樓唔係自住用途，或者我打算退休才住，呢段時間可唔可以將層樓出租先？

B: 出租就梗係無問題啦！一般住宅租約大約為期兩年；如果你有日本居留權嘅話，日本銀行係會願意為你開戶畀你收租。講多次，喺日本買樓唔等於擁有日本居留簽證；更重要嘅係，日本你有租金收入稅㗎，收租要交稅畀當地嘅。

當有咗銀行戶口之後，成件事就更加易話為，若然無嘅話就要諗諗計，都係嗰句，係「錢解決到嘅問題就唔係問題」嘅前提下，唔少日本地產管理公司都願意為海外物業投資者提供租務管理介紹服務，包埋幫你搵租客、收租電匯番畀你、一般同租客嘅交涉等等都係佢哋嘅服務範圍，有部分嘅地產公司會提供埋物業管理服務呢一 part，即係由睇樓到買樓，再到出租同幫你收租、交雜費等，「一條龍」同你搞掂晒，而呢啲管理公司一般會收到租金的 3% 至 5% 嘅手續費。

講多樣嘢你知啦，其實日本嘅租客租樓時需畀一至兩個月按金，另外仲需要提供詳細嘅個人資料同擔保人資料，因為喺日本租樓嘅話係需要有人做擔保，而買家就會向保險公司買個保險；若然租客唔交租，咁就由擔保人頂上；如果連擔保人都唔交嘅話，就會由保險公司交租，不過嗰位租客就會被人 black list，之後佢要再租樓都幾難，咁樣嘅情況令到出現租霸機會率近乎零。仲有，如果租客退租，係需要將單位「還原靚靚」（若當初你出租時單位內籠是靚靚仔仔嘅話）。

Q: 如果「玩大啲」，買入物業後作為民宿或者係 Airbnb，咁又得唔得先？

B: 喺日本出租一個單位，七除八扣之後，正正常常月租俾租客一般回報率大約係 4% 至 5%；若然打算將單位改為民宿嘅話，根據日本民宿新法案規定，喺 2018 年 6 月開始規範民宿經營，包括限制出租日數，喺新法例《日本住宅宿泊事業法》規定下，民宿一年內營業日數嘅上限為 180 天，並需要喺單位外貼出標示，白紙黑字寫明呢度係作民宿用途；部分地區甚至限定經營者必須處理鄰居有關噪音等投訴，仲要係喺 30 分鐘內處理，否則會被罰款。新法例係全國性實施，地方政府可按各地嘅情況實施額外限制，例如京都咁，大部分民宿只限 1 月中至 3 月中淡季經營；至於東京嘅新宿區，就只可以喺周末經營。

新法例裏面仲有一條係指明網上嘅中介必須向日本觀光廳註冊，日本政府話咁做嘅目的係要打擊非法民宿。所以新例一實施，日本 Airbnb 隨即將未能提交登錄號碼嘅民泊設施下架，令日本民泊足足少咗八成。

由於 Airbnb 都只係一種出租單位嘅方式，所以都需要根上述嘅法例去日本觀光廳進行註冊，而公司之前都講咗會刪除一啲唔合乎資格嘅民宿。若然係咁嘅情況之下你都仲繼續想喺日本買樓放租做 Airbnb 嘅話，Airbnb 都有「代收代繳」服務幫業主交各地稅項嘅。不過收返嚟啲租，再扣除所有開支，淨袋幾多都真係有數得計，所以亦都有投資者話喺無乜肉食嘅情況下都係「算吧啦，六師弟」。

參考資料：
日本財務省
中國銀行按揭
ORIX 按揭服務
香港金融管理局
Airbnb

台灣篇

台北

　　講完日本就到台灣啦，雖然大家都係島，但台灣畀人嘅感覺淳樸得多，再加上台灣同香港嘅機程都只係個零鐘頭，真係飛過去食個早餐再飛返香港都唔難，勝在夠近！

　　但台灣最正嘅唔止近，仲有林林總總嘅夜市同街頭小食，珍珠奶茶、胡椒餅、蚵仔煎、鹽水雞、鳳梨酥、大大雞扒，嘩，數唔晒，真係不得了！

　　仲有喎，就算你嘅「普通話」好普通都唔使怕，因為台灣係用繁體中文，就算唔識講你都識寫識睇嘛，基本溝通無難度；再加上使費又平，所以亦都吸引咗唔少學生赴台升學，或者退休人士落台中、台南，遠離城市，過吓啲鄉郊退休生活。

認識台北

如果係第一次去台灣嘅話，相信大部分人都係會揀台北嘅，事關台北多嘢玩又熱鬧啲嘛。其實台北市係位於台灣北部，四周圍同新北市相連，人口261萬，下轄12個區，係台灣第四大嘅直轄市，亦係台灣第二大市。

台北市可以分成12區，包括中正區、萬華區、大同區、中山區、松山區、大安區、信義區、內湖區、南港區、士林區、北投區、文山區。

天氣方面，台北其實都同香港一樣四季分明嘅，不過大家都知道台灣係位處地震區啦，台北出現地震喺新聞都有聽過㗎啦；仲有，受到山地同丘陵影響，一到梅雨季節，台北落雨就會落到癲㗎喇。

大家去過台北嘅都見到佢哋揸電單車仲普遍過佢哋踩單車，除此之外，私家車都係佢哋用嚟代步嘅工具。當然啦，公共交通有巴士、捷運同埋火車，仲有一種我哋叫嘅「飛九」巴士，係大型嘅旅遊巴，都係佢哋嘅交通工具之一。

相信台灣最常上電視嘅，除咗係佢哋啲特色小食之外，都不外乎議員喺大會大打出手嘅場面，咁解會咁？老實講台灣經濟都係麻麻地，回顧前總統陳水扁上台時，台灣內部經濟根本無從政黨輪替中得到好處，反而經歷咗半世紀以嚟嘅大震盪。

台灣經濟增長走勢

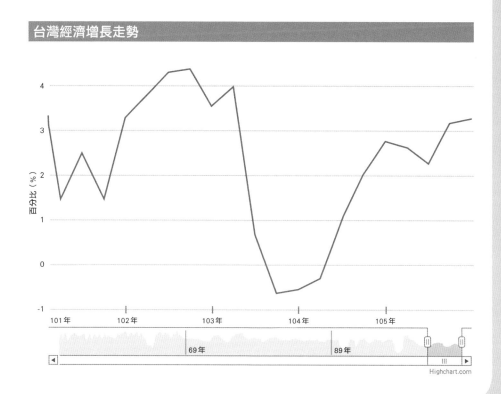

台灣經濟增長走勢（此為行政院主計總處提供之數字）	
2017 年第四季（初步統計）釐印費	3.28%
2017 年第三季	3.18%
2017 年第二季	2.28%
2017 年第一季	2.64%
2016 年第四季	2.77%
2016 年第三季	2.04%
2016 年第二季	1.01%
2016 年第一季	-0.30%
2015 年第四季	-0.54%
2015 年第三季	-0.64%
2015 年第二季	0.71%
2015 年第一季	3.99%
2014 年第四季	3.56%
2014 年第三季	4.39%
2014 年第二季	4.31%
2014 年第一季	3.84%
2013 年第四季	3.31%
2013 年第三季	1.47%
2013 年第二季	2.51%
2013 年第一季	1.46%

根據台灣行政院主計處嘅統計，台灣由 2015 年第三季嘅負經濟增長不斷回升，至最近兩年錄得正數，該處更估計 2017 年第四季經濟增長有 3.28%，經濟好轉，國際貨幣基金（IMF）都有眼睇嘅，2017 年 10 月，IMF 公布《2017 年世界經濟展望》（WEO）報告，IMF 調高 2017 年台灣經濟增長估值至 2%，2018 年則維持係 1.9%；中長期嚟講，IMF 估計至 2022 年，台灣國內生產總值（GDP）年增長率為 2.2%。

雖然呢個數字同香港相比都仲係低，但至少證明到台灣嘅經濟有谷底回升嘅迹象呀！

喺兩岸形勢方面，外界對於民進黨政府一向唔睇好，但對中國嘅出口貿易，喺國民黨執政時期，2016 上半年與前一年比較係出現負值 -11.5%；但到咗 2016 年下半年，民進黨執政後，按年增長 9.4%。

仲有，若然你真係諗住過台灣唔係創業，而係諗住簡簡單單打份工嘅話，失業率你係需要留意。台灣失業率由馬英九執政時，2016 年 3 月嘅 3.89%，回落到蔡英文執政，2017 年 3 月嘅 3.78%，2018 年 1 月失業率仲跌至落去 3.63% 添。

置業前須知

台灣呢個地方雖然唔算陌生，但係咪傳統嘅投資熱點呢？坦白講，絕對唔係，但畢竟呢幾年台灣政府打壓樓市嘅政策，令樓市成交價量都處於一個低水平，因為平所以先吸引到一啲投資者入市，其次嘅係度假退休，甚至係有啲買家有「閒錢」，去台灣買層樓作為一個「後花園」咁解啫。

唔理你係想喺台北定係後面會介紹嘅台南買樓，有啲嘢係成個台灣都係通用嘅。

首先，台灣有九成物業係永久地權，呢個係台灣物業最值錢嘅地方，同香港有土地使用年限嘅法規有啲不同。台灣嘅獨立屋，佢哋叫做「透天厝」，同香港嘅村屋一樣都係以三層為限，建築物嘅所有權利，從地下到地上所有樓層，所佔地面面積，土地 100% 係屬於自己。至於大廈住宅，土地權會平均分界所有業主，每人所持有嘅土地份數唔多，所以台灣，特別係南部嘅人都會比較鍾意「透天厝」。

台灣政府其實都同香港一樣，都會做城市重建嘅。台灣叫呢啲地方做「重劃區」，即係指之前係農地、住宅用地或者工業用地，由市政府主動規劃重整。由於重新規劃時必定會預留公園用地、條路又會加闊啲、交通配套又會完善啲，公共設施布局比以前進步之下，先唔好話層樓升唔升值，就算你買嚟住都住得舒服啲啦。新北板橋特區就係其中一個「重劃區」啦。

仲有喎，台灣同香港市區重建計劃都係一樣，政府同發展商都會按都市更新計劃去收購一啲舊樓，如果你有銀彈、有時間嘅話，可以趁低吸納買入一啲舊樓，等都市更新計劃殺到去你嗰頭嘅時候，再高價賣返出去，從中又可以賺一筆啦。

　　喺香港我哋咪成日好想有個無敵大海景，最好係「雙煙花景」（即係尖沙咀同迪士尼爆煙花你都可以一個景睇晒咁解）添；但呢個 concept 千祈唔好出現。第一，你要睇番係咩地區，如果嗰度近海，本身已經係好熱同潮濕；第二就係之前都有提過，台灣都會出現比較嚴重嘅雨季，你諗番起之前新聞報台灣落大雨真係唔係講玩㗎，touch wood 海水倒灌，或者因地震引發海嘯嘅話，你住咁近海……

　　如果你真係好鍾意海景嘅話，又唔係無嘅，不過退入內陸少少囉，你睇台北大安公園或者高雄嘅愛河都起喺沿海地區就知咩事啦。

　　「咁揀邊度先好呀？」嗯，同喺日本甚至香港買樓一樣，最易入手嘅就梗係近捷運啦！台北、新北同高雄都有完善嘅捷運系統，喺呢三個地方置業，沿住捷運條路線圖，搵一啲距離捷運站步程約 10 分鐘到嘅咁就無錯㗎喇。

第二樣都係同交通有關，如果你考慮喺桃園市、台中市、台南市另外呢三個無捷運嘅地方買樓嘅話，咁你可能就要考慮買入一個有車位嘅物業啦。你知啦，台灣地方都唔細㗎嘛，對於呢三個無捷運嘅地區嚟講，私家車就變成必需品，有個車位連埋一齊嘅話，你買嚟自住又有位泊車，之後賣返出去又多個叫口，唔好咩？！

　　仲有一樣嘢你未必會知，就係原來台灣同香港一樣，家長都好重視子女讀邊一個學區嘅學校，所以依循台灣家長瘋狂追捧明星學校嘅心理，就是單位保值嘅關鍵，即係好似香港九龍塘小學 41 區名校網嘅屋都貴啲咁解之嘛。以台北為例，大安區包括有仁愛國小、仁愛國中、新生國小等明星學校，樓價自然高企。

　　「咦？既然班家長咁瘋狂，咁如果我喺嗰度有個單位放租嘅話，咁咪會有追名校嘅家庭客入住囉？」咁又未必喎，呢個就唔關地點事，而係關台灣人嘅文化事。台灣人絕對係有一種「有樓先有家」嘅概念，仲要係好根深柢固嗰隻，某程度上台灣人覺得「租樓」嘅「家」唔係真正自己嘅「家」，所以無論點都好，台灣人始終都會買樓然後先至成家立室，所以台灣人去租樓嘅比例好低，引致到台灣整體嘅租金回報率都輸畀亞洲其他國家／城市（見第五章〈各地樓價比較〉）。如果真係諗住買嚟放租嘅話，咁大家就要諗清楚，或者索性做民宿、Airbnb，針對遊客會比出租畀台灣人嚟得更易。

呢篇叫做「台灣篇」，先介紹台北，再介紹台南，不過喺呢度首先畀大家睇吓成個台灣六市各地 2016 年樓價、成交量按年嘅比較，等大家先有個初步概念，然後再落去睇台北樓盤同台南嘅情況啦。

台灣六市樓市概況

	新北市	台北市	桃園市	台中市	台南市	高雄市
住宅買賣契約平均總價（萬元新台幣）	1,160.90	2,079.80	828.50	977.90	759.90	800.60
住宅買賣契約平均總價（萬港元）	312.2	559.68	222.95	263.17	204.49	215.44
住宅買賣移轉筆數（宗）	7,132	1,342	1,751	2,661	3,102	3,656

參考資料：
台北市政府
台北市政府交通局
行政院主計總處
內政部不動產資訊平台

真‧五星的家
新北市千呎住宅

嚟到台北啦喎，點都要踩一踩新北市塊地㗎啦，一個幾乎 99.99% 嘅人第一次去台灣就會去嘅地方喎，唔湊吓熱鬧又點得呢？去旅行睇景點如是，去買樓睇樓就更加啦。

呢個位於新北市新店區、佔地 3,631.18 坪（約 129,197.4 平方呎）嘅項目就係冠德建設嘅作品，項目劃分成三個大區，包括有寫字樓、住宅大樓同埋國民運動中心，而我哋今次就梗係主力介紹住宅嘅部分啦，事關呢個命名為「冠德創新殿」嘅住宅係採用咗 SRC 鋼骨鋼筋混凝土結構，同埋 BRB 制震器，大家都知道台灣都出名地震㗎嘛，而呢個咁安全嘅結構，據報耐震系數達 6 級，住喺裏面分分鐘唔知出面震緊添呀。

冠德創新殿住宅開則兩房同三房單位，兩房嘅建築面積就介乎 29 至 34 坪（以每坪 35.58 平方呎計，即約 1,031.8 至 1,209.7 平方呎），至於三房嘅建築面積就介乎 41 至 46 坪（約 1,458.8 至 1,636.7 平方呎），睇番發展商話呢個項目嘅公

呢個大堂絕對可以媲美五星級酒店大堂呀！見到都心心眼啦！

呢個就係新店行政園區公辦都更案，有商辦、住宅同國民運動
中心，前面矮啲啲嗰棟就係住宅大樓「冠德創新殿」啦。

設比係 31.9%，即係話實用率就係 68.1% 左右，所以你將啲建築面積全部打個七折啦，就差唔多等於個實用面積㗎喇。整個住宅部分有 229 個單位，大樓地下五層就係停車場，而呢個項目現階段都只係樓花嚟嘅，預計 2021 年第一季完成。

又睇吓個盤附近有啲乜，由呢個項目行大約 2 分鐘就到捷運新店區公所站，真係無車或者唔識揸車都無有怕，附近有一堆食肆都不在話下，喺正隔籬、近過去捷運嘅距離，就已經有個馬公友誼運動公園，公園前面就已經有間超市，如果可以行遠少少，講緊徒步行路大約 7 分鐘，就去商場又食又買。不如我哋又睇吓個樓盤同示範單位啲相先啦。

樓盤小檔案	
相片單位建築面積	103.11 平方公尺（約 1,109.5 平方呎）
地址	台灣新北市新店區
落成日期	2021 年 1 月完工
樓價	869 萬港幣起
首期	相當於總樓價 40%，分段繳付： 首筆金額為 15%（即 130.0 萬港元起） 第二筆金額於 2019 年繳付，為 8%（即 69.5 萬港元起） 第三筆金額於 2020 年繳付，為 12%（即 104.2 萬港元起） 樓盤完工後繳付餘下 5%（即 43.5 萬港元起）
銀行按揭	最高相當於樓價六成

參考資料：冠德建設股份有限公司（台灣開發商）

會所必備：健身室，就咁睇地方都好大喎。

烹飪課程香港都有啦，但講緊呢個係會所裏面喎。

呢個 lounge 放咗幾組大書櫃，日日落嚟都唔悶呀。

呢個就係 B6 三房單位喇，講緊實用面積係 103.11 平方米（約 1,109.5 平方呎）。客飯廳佈局分明。

呢間就係主人套房，特大雙人牀不特止，仲要可以三邊落牀，呢啲空間真係奢侈。

從另一個角度睇，主人套房設有落地大玻璃，可以引入更多嘅自然光入室內。

主人套房就梗係要有個衣帽間先似樣㗎嘛。

主人廁用上白色，目的令到空間光猛啲，所以同主人房主要休息同瞓覺嘅地方用上柔色有啲唔同。

客廳放得落呢張梳化⋯⋯成村人坐落去都仲有位剩啦。

睇咗其中一間房先，呢度可以放到一張雙人牀，旁邊有張書枱仔，小朋友可以做功課喎。

呢個角度就睇到喺書枱仔旁邊有個黑色大衣櫃，收納量超高！

另一間房都係有張雙人牀同書枱仔，不過牀尾位置就多咗個圓形坐墊，閒時坐喺度睇吓書 hea 吓都唔錯喎。

L 形兼大型廚櫃組合，咁大嘅廚房招呼大班朋友嚟開 party 都得。

呢個就係單位嘅平面圖，唔鍾意呢個預設嘅傢俬擺位？咁就發揮你嘅創意同小宇宙啦！

買家真實個案

開民宿實現夢想

嗱！係你哋話想去台灣過啲寫意啲嘅生活㗎！係你哋話夢想係去台灣開間民宿過日辰㗎！依家就等港人阿怡講吓佢點樣實現佢個夢想畀你知啦！

阿怡屬於 70 後，畢業到依家工作都有十幾年嘅時間，雖然阿怡唔算出眾，但佢身邊嘅同學、朋友個個都拍緊拖、結咗婚，就唯獨是得阿怡一個無着落，基於無乜地方畀佢使錢下，慳慳埋埋就儲咗嚐錢，跟住再萌生咗一種要靠自己但又要 hea、有 quality 嘅生活：佢決定首先隻身過台灣，開間民宿，因為「開民宿」呢三個字基本上都符合阿怡心中嘅理想生活。

做旅遊業嘅阿怡其實每日都幫緊唔同嘅客人搵緊啱佢哋心水同 budget 嘅酒店，有時無客嘅話，佢都會無無聊聊咁自己 search 吓啲酒店或者民宿，睇啱嘅就自己幫自己買機票，飛返轉。台灣就係阿怡嘅最愛，特別係有「台灣後花園」之稱嘅宜蘭，話就話係北部，但生活節奏比新北市慢啲，依山傍海嘅景色你都咪話唔寫意；雖然呢度做遊客生意多，民宿都有唔少，阿怡就係諗到如果民宿係有自己風格同 style 嘅話，咁總會有人欣賞嘅。

於是，阿怡就開始上網搵蘭宜嘅樓嚟講買，佢都稱得上醒目嘅，上網搵啲大間嘅地產舖頭入手，順便可以喺嗰啲網站度睇吓搵唔搵到啲 agent 幫手，雖然去就去得多啫，但始終都係第一次買樓，仲要一嚟就買台灣樓喎。「我都係抱住博一鋪嘅心態咋，唔博嘅話我可能就成世人屈喺間旅行社喇喎。」最後被阿怡搵到一個當地嘅 agent 小姐，呢位 agent 小姐知道阿怡嘅情況之後就直接同佢講：「不如你直接買一棟民宿啦，可以買棟細啲㗎嘛，你買住宅變民宿有好多手續要搞，同埋房型都未必啱做啦」。

透過呢位 agent 小姐嘅搭上搭，阿怡終於都鎖定咗兩三個目標，「agent 小姐介紹嘅都係三層高嘅別墅，四房為主，價錢大約係四百幾萬至五百幾萬，如果銀行借錢申請按揭嘅話就應該都可以嘅。」充滿信心嘅阿怡於是隻身飛去台北睇樓。去到宜蘭，本身被呢個地方深深吸引嘅阿怡又點會自拔得到先得㗎，但係佢都好清楚今次個目的就係買民宿然後過台北生活，實現「做民宿老闆」呢個咁文青 feel 嘅夢想。

　　結果，阿怡決定用 1,650 萬新台幣（約 441 萬港紙）買咗當地一棟三層高嘅民宿，成棟樓面積相當於 2,032 平方呎。「成棟樓樓齡五年多啲，我都係貪佢仲係好新淨，執少少嘢就已經可以營業啦！成棟樓有四個房、兩個廳同五個廁所，規模細細我自己一個人都應該應付得到，嗰位 agent 小姐幫我準備好晒所需嘅文件，又提我要交啲咩文件畀佢㗎，仲幫我搵到銀行同我申請按揭添！」阿怡仲話原來台灣嘅利率好低，佢申請嗰時得 1.5 厘，所以月供方面對佢嚟講都唔係壓力。

　　阿怡本來諗住將佢呢間民宿翻新做以貓為主題嘅民宿，但係佢又覺得呢個主題實在有太多喇，所以到最後佢將每間房嘅牆油上單一顏色，用顏色嚟區分民宿主題，其次再用顏色決定間房間風格，例如紫色嘅就配上公主風、橙色嘅就配上中東風、藍色嘅就配上海洋風等等。

　　嗯……原來「民宿老闆」係咁樣煉成嘅。

台南

潮流興・扮文青，喺香港如果你著到一身文青打扮，諗住拎住本書喺 cafe 度 hea一日嘅話，一係就被人話你扮嘢，一係就被人話你廢青；就算呢件事唔喺香港做，去到文化風濃厚過香港嘅台北，都總會被台北急速嘅節奏打擾咗雅興；落去台南就唔同玩法啦，事關台南係一個充滿藝術同文化交融嘅地方，蝸牛巷、藍曬圖文創園區、奇美博物館、十鼓文化村等等呢啲我哋會以一身文青look 去「打卡」嘅地方全部都係喺台南。

認識台南

　　台南市當然就係台灣嘅南部啦，但唔好以為成個台灣版圖最落嗰個位就叫做台南，其實台南係喺嘉義同高雄中間，靠近西邊海域。根據台南市政府嘅台南市人口統計資料，2016 年成個台南有 188.5 萬人左右，人口密度為 860.55 人 / 平方公里，以人口 / 面積嘅比例而言係台灣 11 個直轄市中排行最尾，所以台南台灣嚟計係屬於一個人口密度比較低嘅城市，若然你係怕台北太過繁華嘅話，咁你就可以考慮一下台南啦。

　　台南市同台北市一樣都係有分區，而台南市就有 37 區，包括有：永康、安南、東區、北區、南區、新營、中西、仁德、歸仁、安平、佳里、善化、麻豆、新化、新市、關廟、安定、白河、學甲、鹽水、西港、下營、後壁、七股、六甲、柳營、官田、東山、將軍、玉井、北門、大內、楠西、南化、山上、左鎮同龍崎，由於現有行政區數目偏多，市政府已着手整並計劃將區數整頓。

　　雖然台南生活無台北咁多姿多彩，但台南嘅經濟都唔只得漁、農、畜嘅，其實台南嘅工業同服務業就業人口佔總體人口九成以上。自 90 年代起，台南、樹谷、柳營、永康等陸續建立科技工業區，令台南嘅經濟逐步轉型至電子、半導體、光電等高科技製造業嘅重鎮，而市政府都積極於實施轉型，仲想成立台南動漫園區，希望能夠帶動台南動漫產業嘅發展，有助旅遊業同為台南帶嚟更多就業機會，現階段仍然處於發展中。

置業前須知

事實上，好多人都話台南比台北更為「鄉下」，呢個講法又唔可以話你錯，事關台南人口密度較低，生活節奏比台北慢，所以令人有一種「鄉下」嘅感覺，其實識得欣賞台南嘅話，你都可以發現台南係一個適合長住退休或者讀書嘅地方。

台南市素有「文化古都」之稱，大量古代漢民人文遺蹟遍布全市，頒授為國定古蹟與國定重要民俗數量居全國之冠。台南市擁有多項地方特有嘅民俗傳統技藝及文化活動，由於社會嘅轉型、生活型態等多個因素嘅轉變，令府城嘅民俗文化有日漸沒落及消失嘅趨勢。呢啲擁有悠久歷史，背負着深層意義嘅文化，其實都吸引唔少人去再研究、再發掘，呢啲雖然都會吸引到一班後生仔去八卦一番；但對於上咗年紀嘅退休人士嚟講，閒來無嘢做四周圍行行逛逛，去欣賞一吓台南嘅本土風貌，都不失為一種打發時間嘅樂趣；可能唞啖氣都舒暢過人。

再唔係，大可以由台南出發，北上嘉義，歎完火雞肉飯同高麗菜之後就 book 架車上阿里山行山賞櫻坐火車；要返香港探朋友都唔難，因為台南都有機場，有直航可以飛返嚟香港，時間都只係一個鐘鬆啲，對於唔能夠長時間坐或企嘅銀髮一族嚟講，呢啲退休生活去邊度搵？咪台南囉。

台南呢啲靜靜哋嘅地方除咗啱退休人士享受人生之外，其實都吸引到唔少學生到當地求學，事關台南市喺明清兩朝，曾經係台灣政治、經濟、文化中心，但時至今日，台南已經變成台灣教育發展重點之一，所以呢度都有唔少出名嘅大學，好似台南大學咁，2017 年首次參與英國《泰晤士報高等教育專刊》評審，即刻入選咗全球最佳大學前 1,000 名，學校嘅教師期刊論文發表約 300 篇、執行各部會委辦與產學計劃近 500 件，金額達 4.8 億元，教學研究同國際競爭力受各界肯定。仲有，呢間校真係人才輩出，校友包括前司法院院長翁岳生、玉山銀行董事長曾國烈、知名導演林福地同埋去年度台南文化獎得主林智信老師等。

另外，就如之前所講台南係一個富文化同藝術色彩嘅地方，所以都吸引唔少對藝術有興趣嘅同學過台南讀書。簡單如香港，出名讀 arts 嘅最多都係得香港藝術學院，其他嘅一係喺香港註冊嘅外地學校，一係就浸會大學嘅視覺藝術院。

喺台南，有國立台南藝術大學同台南藝術大學研究所、碩士同博士班，仲有台南應用科技大學美術系，而且學費仲平過香港。以國立台南藝術大學海外生讀一個學士學位課程為例，學費加雜費一個學期為 53,980 新台幣（約 14,509 港紙），一年兩個學期計，即一年學費約 29,018 港紙，對比香港藝術學院藝術文學士一年 91,040 蚊港紙學費，就算係台南計埋宿位同生活費，點都平過喺香港讀啦。

計台灣六市之中，台南嘅樓價相對最平，較受歡迎、學區優良嘅東區同安平區，目前入場費約480萬元新台幣（約129萬港紙），約為台北樓價三分之一。

其實係台南買樓嘅規例同流程，跟台北嘅一樣，只係揀樓方面有啲唔同。台北有條捷運，只要沿住條捷運去揀嘅話都無乜點衰，但台南就無捷運，勝在樓價夠平同有多間唔同大學，亦唔係處於地震帶，所以你都好少聽到台南發生地震嘅新聞，住起上嚟都覺得安全啲。

另外，台南嘅北門、將軍、七股、安南、安平同南區係屬於沿海地區，同台北一樣，沿海地方就要小心海水倒灌之危啦。

參考資料：
台南市政府
台南縣（市）合並改制計劃
國立台南藝術大學
香港藝術學院

估你唔到隱世靚盤
台南市時尚大宅

　　想住喺市中心嘅心臟帶，而又可以有多少少 budget 嘅話，就可以諗吓呢個位於台南市南區水交社路 1 號嘅京城新上光新盤，發展商係京城集團，集團仲以「買得起的時尚宅」嚟形容呢個項目添。

　　整個項目分為 A、B、C、D、E 五棟住宅大樓，合共提供 144 個單位，開則為 23 至 30 坪（約 818.34 至 1,067.4 平方呎）嘅兩房單位，同埋 39 至 41 坪（約 1,387.62 至 1,458.78 平方呎）嘅三房單位。平均 20 至 22 萬新台幣一坪（即每呎樓價大約等於 1,506.9 至 1,656.7 港紙），而樓價就大約 488 至 930 萬新台幣（約 1,307.4 萬至 2,491.6 萬港紙），呢個樓價喺香港當然可以買到新樓啦，不過仲係唔係九龍區市中心，仲要有咁大面積嘅話就真係⋯⋯大家心照啦！

停車場夠晒光猛，大把車位畀你泊。

剩係睇個門面都知係靚嘢啦！

屋苑設有健身室畀住客使用。

整棟物業樓高 14 層，另設三層地牢。咁大型嘅住宅當然唔少得有會所設施，包括有中庭花園、Ball room、會議室、閱讀室同埋健身房。

講明係市中心交通就梗係方便啦，係項目嘅 1 公里之內就已有 11 個巴士站、5 間購物中心、20 間餐廳、9 個公園、3 間醫院同 5 間銀行，遠少少講緊係 2 公里以內嘅地方就有 1 間幼稚園、3 間國小、4 間中學同 1 間大學，周邊配套咁齊都可以滿足到老中青嘅需要。

單位裏面都用靚嘅裝修，廚房同浴室分別用上有西班牙賽麗石枱面、林內三機、V&B 面盆、GROHE 龍頭、KARAT 全智能馬桶、Panasonic 暖風機。即刻睇吓棟樓同屋入面係點先啦！

入屋睇吓先，呢個就係 A7 號單位，屬於三房兩廳格局。

飯廳咁睇雖然唔係話好大，但都叫做放到一張四人組合嘅餐桌之餘仲有位行；若然係牆度全數裝上
鏡面，將飯廳用鏡打做一個 double 嘅空間出嚟，咁視覺上睇上去咪大啲囉。

貴妃椅梳化你屋企可能都放得落，但呢度講緊可
以坐到至少 5 至 6 個人嘅大型貴妃椅梳化，可能
放咗喺你屋企之後都無位行。

客廳呢個大型玻璃窗採光度十足。

三房開則嘅單位其中有兩個係屬於套房。

間房大到可以間多個位出嚟做化妝房又得，書房又得，得咗！

呢間睡房用上深藍配淺啡，同之前兩間房清一色用冷色有啲唔同。

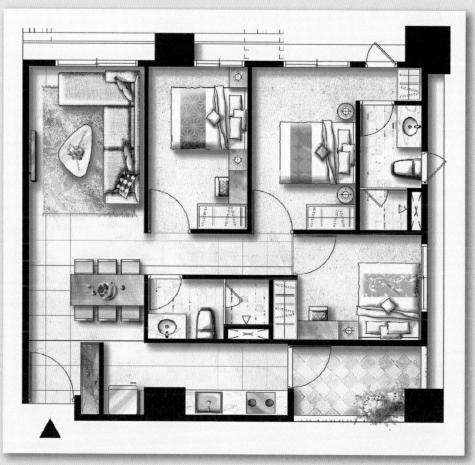

A7 單位嘅 floor plan 畀埋你參考。

樓盤小檔案

單位建築面積	41 坪（約 1,458.8 平方呎）
地址	台南市南區
落成日期	2017 年中
售價	約 2,491.6 萬港元
首期	996.6 萬港元
銀行按揭（以最高承造六成計）	約 1,494.9 萬港元

參考資料：
京城建設 · 上新光
591 房屋交易

退休夫婦定居台南

　　台南地方淳樸，生活簡單，吸引咗唔少退休人士選擇到當地定居，阿輝同太太就係其中一對。

　　生於 60 年代嘅阿輝，喺香港讀完中學之後就一個人走咗去台灣修讀政治系，「80 年代初期我準備上大學，嗰時興讀政治，可能係因為香港就嚟回歸中國啩，但喺香港嘅大學讀政治選擇有限，加上台灣大學政治系亦係數一數二，於是就博一博考過去讀大學，點知又畀我考到。」阿輝仲話喺大學時就識咗依家位太太，或者太太同佢都係由香港過去台灣讀書嘅學生，所以特別投契，兩個人喺台北大學讀咗四年，最後無選擇留係台灣，兩人齊齊返香港搵嘢做。

　　畢業之後阿輝無做同政府有關嘅工作，反而入咗傳媒做政治版：「做傳媒嘅自由度大啲嘛。」一做就係呢行做咗廿幾年，但由於阿輝一直都係做紙媒，至近幾年傳媒行業由傳統嘅紙媒轉戰網媒後，阿輝工作上嘅生存空間愈嚟愈細，「反正都『五張』幾嘢啦，咪唔做囉。」至到上年阿輝決定退落嚟，同太太兩個人去台灣過埋下半世。

　　「揀返台灣其實最大嘅原因係自己同太太喺嗰度讀咗四年書，當年識落嘅同學仔大部分都係台灣人，都叫做有唔少朋友喺台灣呀；二來我同太太都有台灣嘅居留證，好似所有嘢都準備好晒咁；再加上我哋無仔女，去邊都無所謂啦。」

讀書嘅時候住喺台北，咁點解退休又會選擇台南呢？「坦白講，做咗咁多年嘢唔係話仙都唔仙吓嘅，之但係一講到退休就真係完全零收入，台南嘅樓比台北平好多，而去返台北搵朋友都係坐高鐵一程就到，都好方便呀。」阿輝仲話本身太太提議揀台南，話貪呢個地方夠與世隔絕嘅。

最後，阿輝同佢太太睇中咗喺台南安平區一棟大樓其中一個單位，面積 31.9 坪，即大約 1,116.5 平方呎，以七成實用面積計算，都有成 782 平方呎，兩房兩廳，仲有一個電單車位，成交價為 498 萬新台幣，以兌換率 3.7 計算，即約 133.9 萬港紙，「咁平嘅原因係因為樓齡都有成 21 年啦。」但阿輝仍然選擇呢一層樓係貪佢可以一炮過界晒，無後顧之憂，「一個人食幾多著幾多可以控制，但供樓嘅話你唔可以話今個月有錢住大啲，下個月無錢住細啲㗎嘛！」

其實，揀呢層樓另一個最大嘅原因，係阿輝嘅太太都鍾意呢個地段：「附近又有唔少食肆，又對住個由大海引入嚟嘅河流，便利店就梗有一間喺左近啦，從河邊一直向內陸方向行嘅話，沿路都有唔少唔同種類嘅舖頭，都算係一個靜中帶旺嘅地方。」阿輝太太仲話，可能退咗休又日日對住條河睇日落，搬咗過去台南之後，個人嘅心情都輕鬆咗：「依家暫定半年返嚟香港一次探吓屋企人同朋友，佢哋都話我個人開心咗！」

咁台南嘅生活節奏又點同香港比呢！

台灣的確係受歡迎啲嘅，勝在就算唔識講國語，點都識睇中文字，份樓契或者合約都叫做識得睇吖，只係加埋一齊就唔知點解之嘛！

Q: Question
B: Ben Sir

一人一句問 Ben Sir
識答一定盡量答！

Q: 去台灣就快啫，去台灣買樓煩唔煩㗎？

B: 去台灣買樓真係易過借火，手續簡單需時短。一般嚟講你即日簽咗份買賣合約之後，就可以即時去搞代書，等兩個星期到攞埋張稅單；之後交稅，送到地政事務所搞埋過戶後，就可以搞交屋嘅事。由你簽約到條匙到手大約兩個月內就搞掂。

Q: 咁稅呢？又點計先？

B: 喺台灣買樓，基本上外國人同當地人嘅稅係一樣，包括契稅、印花稅、代書費同登記規費。手上嘅物業都需每年繳交 1.2% 房屋稅、0.2% 地價稅、住宅火險同地震保險費等等。

我哋香港就話買第二層樓或者做投資物業時就要上繳雙倍印花稅；而外國買

家嚟香港買樓就有買家印花稅，目的就係為樓市健康啲、唔好炒得咁勁咁話。

健唔健康、炒得勁唔勁就係各花入各眼啦，之但係台灣嗰度同樣為咗壓低樓市炒風，外國人賣出台灣物業時，都會被徵收「房地合一」稅，如果單位係一年內出售，扣除房屋維修費用之後，賣家需要畀樓價升幅總額嘅 45% 作為稅項；如果係持有單位一年或以上，係會畀少啲，但都講緊 35%；持有 2 年以上、10 年以下嘅就 20%；超過 10 年嘅就 15%。

舉個例，假如你喺 2017 年 1 月 1 日用咗 3,000 萬新台幣買咗層樓，諗住 2019 年 1 月 4 日放盤叫 4,000 萬新台幣，扣除可舉證成本費用（即係裝修、執漏嗰啲開支）約 200 萬新台幣、土地漲價總數 100 萬新台幣，以稅率 20% 計，即係你要畀嘅稅就係（4,000-3,000-200-100）×20%=140 萬新台幣。

Q: **咁台灣啲地有無分永久地權定係得租賃地權喍？**

B: 喺台灣有九成嘅物業係屬於永久地權嘅，咁就海外人士買地就梗係要事先得到批准啦，唔係你話要就要嘅。根據中華民國內政部地政司所指，如果海外人士去台灣買地係用嚟自用，即係住宅嘅話，就需要向各中央目的事業主管機關申請同得到核准先得。

首先咁就梗係買賣雙方傾好個價錢或其他條件先啦，之後買賣雙方就要簽一份叫做「不動產買賣契約書」，同埋需要由買賣雙方傾好要一個指定嘅地政士辦理所有權移轉登記同相關手續，如果你搵 agent 幫手買樓嘅話，呢個部分佢可以幫到你。地政士收到你哋份「不動產買賣契約書」之後，就會喺買賣雙方簽約時，申領登記謄本查明產權登記情形，同埋預估暨規劃稅費負擔同埋如果買方需要做按揭嘅話，佢嘅貸款額度大約幾多，之後地政士或者買賣雙方都有證明文件，就可以向轄區稅捐機關申報土地增值稅同契稅，跟住就查吓有無欠地價稅、房屋稅、工程受益費等稅費，不論有無錢未畀，都會

有單證明嘅，連同呢堆收據同其他證明文件就可以向轄區地政事務所申請所有權移轉登記。完成之後成個交易過程就完成㗎喇，一般大約一至兩個月到啦。

仲有，九成係永久地權啫，仲有一成唔係㗎嘛，嗰啲無永久年期嘅就叫做「地上權」，年期一般都只係得 50 年，如果有關物業到期嘅話，咁政府就會收番塊地，咁某程度上買呢類樓嘅話就等同向政府租地，無咁保障。

Q: **台灣做按揭易唔易㗎？**

B: 香港人買樓習慣借到盡，去到台灣買樓當然想做按揭啦，但香港人始終唔係本地人，申請按揭比當地人較為困難亦理所當然。

一般嚟講，如果物業樓齡喺 10 年以內，同埋位處一線地段，普遍都可做五至六成貸款，利率約為 1.6 至 2 厘，供款年期上限為 20 年或以內；但需要注意嘅係台灣每間銀行嘅要求同程序都唔同，有啲銀行需要有台灣擔保人或者香港嘅稅單等等。當然啦，如果你喺過去買樓搵地產 agent 幫手嘅話，申請按揭呢個部分佢哋都會樂意幫你嘅；如果係一手樓，你直接同發展商 deal 嘅話，咁就由發展商幫你搞埋囉。

Q: **其實都有唔少 friend 話喺台灣買層樓就可以搞移民，我又鍾意嗰邊啲文青風，咁我都可以買層樓移民做文青啦？**

B: 搞清楚，台灣雖然可以做投資移民，但投資嗰嚿錢係唔包括買樓嘅，即係話物業投資移民喺台灣係唔得嘅。

你講到「移民」，我哋香港人理解為「跨國同境外遷移，同申請成為嗰一個國家嘅公民，享有嗰個國家公民嘅權利同福利」，但係喺台灣係會用「居留」同「定居」作為區分。不理你係「投資移民」，抑或「創業移民」，事

前都必須要申請「居留」先，滿足晒一定條件後先可以申請「定居」，或者「入籍」。

講起「創業移民」，呢個都係唔少港人嘅夢想，但如果係話買棟民宿返嚟又算唔算叫做「創業移民」呢？根據台灣嘅法例，其實你投資 600 萬新台幣（以兌換率 4.3 計算，即約 158.5 萬港紙）創業或入股，或者開創政府批准的行業（有成 763 種，基本上除咗重工業、危險化工業同公共事業係受限制之外，其餘行業基本上係可以嘅，而民宿就好明顯係不受此限），如是者 3 個月就可以獲得居留證，住滿 1 年後就可申請入籍台灣。

如果你正有此意嘅，最簡單嘅方法就莫過於直接買棟民宿返嚟就做民宿；但如果你諗住買一棟物業然後再改建為民宿嘅話唔係唔得，事前你要向中華民國交通部觀光局申請民宿設立、發牌及類似物業改變用途嘅申請。

至於 Airbnb 目前似乎就未合法嘅，但觀光局就打算有條件開放自用住宅經營短租，目前研究緊同埋擬定配套措施，大家等多陣啦。

而「居留證」即係台灣嘅合法居留身分證件。台灣嘅居留證有幾種：外僑居留證、外僑永久居留證（住喺台灣嘅外國籍人士）、台灣地區居留證（批畀無台灣戶籍嘅非大陸地區國民）、港澳居民居留證、港澳居民居留入出境證、大陸地區人民依親居留證、大陸地區人民長期居留證等。

如果係因為工作或者入學嘅入境居留申請，唔係永久居留性質，所以唔會成為台灣公民。

至於「定居證」是歸化國籍嘅最後一個步驟，獲得「定居許可」後，就可以申請「入籍」同埋申請台灣護照，同時可以享有台灣公民嘅權利同福利。

如果係外籍人士，應該就需要放棄原有國籍之後先拎嘅；由於香港唔係國家，所以無國籍可以放棄，變相香港人可同時擁有香港同台灣護照。

Q: 台灣同日本都係處於地震帶，咁係咪都需要買地震保險㗎？

B: 聰明！係必須要買㗎。講多樣嘢你知，台灣雖然位於環太平洋地震帶之上，發生地震係無法避免，但呢層又唔需要太擔心嘅，因為自從「921」大地震之後，台灣整體建築法規已經大幅提升，所以奉勸香港朋友千祈唔好貪平買太舊嘅樓，費事得不償失啦。

講起地震，都係因為台灣處於地震帶，對建築物嘅要求不單止在用料同結構層面，就連面積都有規限。一般嚟講台灣樓嘅實用率都係得 65% 至 70%，再要睇埋本身物業有無其他配套設施啦，而台灣係以建築面積作為銷售面積，而呢個面積係包埋公設面積，即係雨遮（屋簷）、陽台等等，同香港一樣啦，建築面積係可以大過實用面積好多，以一坪約 35 平方呎計算，兩房至三房單位一般約 30 多坪，即係 1050 平方呎咁上下，但計番實用面積就只係得 682 至 735 平方呎左右，所以記得親身睇樓呀。

Q: 如果我搵 agent 幫手，會唔會收好貴㗎？

B: 一般嚟講，喺台灣買二手樓嘅話，買家係需要支付相當於樓價嘅 2% 作為佣金，而賣方 就要畀相當於樓價嘅 2% 至 4% 不等。買賣雙方嘅佣金總和係唔可以超過相當於樓價嘅 6%。如果你係買一手樓就直接同發展商買，所以無佣金開支，但如果你係透過物業公司再買一手樓嘅話，咁可能你需要畀服務費。

Q: 聽人講台灣單位計算面積同香港唔同，係唔係㗎？

B: 喺台灣，計算單位面積其實同香港真係有好大分別，如果上網去睇台灣地產網站，你會見到佢哋啲單位係顯示「地坪」同「建坪」，前者意思係指塊地有幾大，後者意思先係指間屋有幾大。

仲有一種叫做「權狀坪數」。「權狀」嘅意思就相當於香港嘅樓契;「權狀坪數」係指土地同建物所有喺樓契上會 show 出嚟嘅面積,當中包括主要建物、附屬建物、公共設施同泊車位,大致係咁:

主要建物:呢個係指住宅物業嘅樓面面積,但唔包括露台等延伸空間,絕對係 100% 室內可以用到嘅部分,比起香港嘅實用面積更嚴格。(根據香港《一手住宅物業銷售條例》實用面積定義:住宅物業的樓面面積,包括在構成該物業的一部分的範圍內的以下每一項目的樓面面積:(i) 露台;(ii)工作平台;以及 (iii) 陽台。)

附屬建物:即係指住宅物業嘅樓面面積延伸部分,又叫做副屬建物。包括露台、陽台、工作平台及雨遮。台灣嘅雨遮即係香港叫嘅屋簷,係指喺窗戶上遮雨、遮陰等功能嘅建築物。

共用部分:又稱為「公設」,香港人買二手樓通常都會問「實用率」,而台灣嘅「公設比」就係「實用率」的相反,即是「唔實用率」,呢啲地方包括公用嘅會所、設施、天台、走火通道等。

普遍台灣新建築嘅「唔實用率」都係 28% 到 32% 左右,用 100% 去減嘅話,即係實用率大約 68% 到 72%。

泊車位:台灣平面車位會計入所屬公共空間,佔地面積大約 8 至 10 台坪,即係大約 300 平方呎左右,注意番,台灣嘅車位面積係會入契 (權狀),所以喺買賣或者計算呎價時係唔能夠直接用權狀面積來計算,事前必須先扣除車位面積先再計,否則會好大嘅誤差。

投資者Q&A

Q: 咁如果我喺台灣買層樓用嚟收租嘅話，應該無問題啦？

B: 呢層就當然無問題啦，不過就要留意番台灣物業出租時，業主同租客之間嘅租約係需要符合四個條件先得嘅。

第一，基本上你租畀台灣人就梗係無問題啦，但係你可能買咗層樓返嚟之後，你都係出租畀去台灣做嘢嘅企業客㗎嘛，咁對方有無戶籍？揸住嘅係「居留證」定係「定居證」？以前就話有限制嘅，但喺 2017 年實施嘅新規定下，呢樣嘢就變得唔重要喇，不論有無戶籍，都可以成為你嘅租客。

第二，我哋香港租層樓出去都要報稅㗎，咁有啲老友鬼鬼嘅私底下出租就可以 skip 咗呢筆？咪以為台灣無呢啲事發生，一樣有；但新規定出爐後就一定要申報，無得走雞。

第三，台灣租屋同香港差唔多，都係要先畀兩個月按金同一個月上期，呢個係不成文規定；不過有啲業主怕新租客走數，會收多過兩個月按金都唔奇。Well，但依家根據新規定之下，業主最多只可以向租金收取兩個月按金啫。

第四，台灣嘅租約一般都係兩年租期，如果要提前完租嘅話係需要賠錢；新規定就講到明賠嘅話最多都只係賠相當於一個月租金嘅價錢，免得到時「獅子開大口」。

如果份租約係無清清楚楚寫明呢四點嘅話，咁租客係絕對可以要求業主加番，甚至係拒絕簽約；甚至可以去地方政府地政局處舉報，再唔係就可以按《消費者保護法》規定最高可罰 30 萬新台幣！

點解好似咁嚴謹？記唔記得早幾年有單新聞講兩個惡港女租客喺台灣出現？呢啲新規定嘅出現就係保障番業主嘅；雖然我同你都係港人，但你喺台灣買咗樓之後你就係業主，呢啲條文都係互相保障大家啫，唔通你想有惡租霸咩。

參考資料：
財政部（Ministry of Finance, R.O.C.（Taiwan））
中華民國內政部地政司
中華民國內政部移民署
《一手住宅物業銷售條例》
台灣內政商不動產資訊平台
中華民國交通交觀光局

泰國篇

泰國

泰國向來都係港人熱門旅遊點之一，除咗有大大小小唔同嘅夜市，賣嘅嘢通常都係平、靚、正，香港食碟海南雞飯要 40 蚊港紙（約 158.9 泰銖），喺泰國只需要 40 泰銖（約 10.6 港元）咋。除此之外，泰國仲有好多唔同嘅島可以出海玩，蘇梅、布吉、喀比等等都係非常好嘅度假選擇，若然喺呢度買番層樓嚟住，或者放假嚟玩嘅時候當度假屋咁，你都咪話唔蓋鬼。

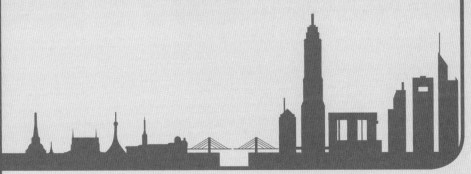

認識泰國

　　泰國被老撾、柬埔寨、馬來西亞、緬甸包圍住，仲對住暹羅灣同安達曼海，佔地 51.4 平方公里，法定語言就係泰文。根據泰國國家統計局數字，按佢哋對上一次做人口普查，即係 2010 年 9 月計，全泰國嘅人口達到 654.4 萬。見泰國咁多廟宇都知道泰國人信咩宗教㗎啦，無錯，有超過九成嘅人係信奉佛教，其餘嘅就包括有伊斯蘭教、基督教同埋印度教等。

　　大家都知道泰國人好鍾意同敬重佢哋嘅國王，但係其實泰國憲法寫國行君主立憲制，咁所以國王其實都無乜實際權力，只係間中出面做吓調停，而泰國政府最大嘅就叫做總理，邊個人做呢個位都係由國王話事嘅。

　　如果你打算喺泰國買樓搵埋嘢做兼長住嘅話，咁你就要知道泰國嘅經濟啦。根據國際貨幣基金組織（IMF），2003 年泰國經濟增長為 7.2%，跑贏其他經濟體，同期印尼增速僅 4.8%、菲律賓為 5%；當年泰國人均國內生產總值（GDP）為 2,380 美元，比起菲律賓及印尼兩國嘅總和仲要多。可惜之後數年間發生社會動亂，2013 年以嚟，泰國經濟增速放緩，介乎 0% 至 3.2% 之間，不過同期其他周邊國家就穩步前行，對比之下，泰國經濟好似好唔掂咁。不過，泰國最後都慢慢走出谷底，IMF 預測到咗 2022 年，泰國將會以 7.560 美元人均 GDP 領先其他鄰國國家，估計印尼將升至 5,660 美元，菲律賓亦將升至 4,630 美元，越南則升至 3,330 美元。

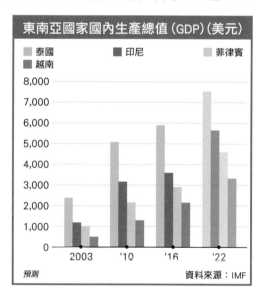

東南亞國家國內生產總值（GDP）（美元）

泰國　　印尼　　菲律賓
越南

8,000
7,000
6,000
5,000
4,000
3,000
2,000
1,000
0

2003　'10　'16　'22

預測　　　　　　資料來源：IMF

預測經濟咁好景，眼下泰國都真係唔差喎，失業率出奇地低添。2017 年 2 月錄得 1.1%；2015 年以家庭為單位計算，每月每戶平均收入為 26,915 泰銖，每月每戶平均開支為 21,157 泰銖，用呢條數計一計嘅話，即係每月每戶平均儲蓄得 5,758 泰銖。

　　泰國經濟仲有無得去？梗係有啦，首先係中國「一帶一路」嘅計劃下，各國已經聯手興建一條由昆明出發，途經新加坡至泰國嘅泛亞高鐵，預計 2021 年竣工。

　　另外，亦有消息話東南亞多國將於 2021 年開始，興建一條連接東南亞各國嘅高鐵，而泰國嘅連接點傳聞話係芭堤雅。仲有，泰國積極為曼谷嘅清邁高速鐵路項目「搵銀」，而曼谷嘅 BTS 同 MRT 亦將會愈起愈長，預計最快於 2030 年竣工，冀望進一步減低「經常塞車」、「一塞就塞兩個鐘以上」嘅負面印象。

　　喺交通愈嚟愈方便，同鄰近國家連繫密切嘅大前提下，自然能吸引更多各國旅客、人才甚至投資者到泰國，加速經濟及樓市發展。按泰國房地產資訊中心（NREIC）顯示，2017 年 10 月受到供應減少影響，曼谷第三季分層住宅呎價按年最大升幅係超過一成；以分層住宅嘅樓價嚟講，即每平方米約 50,000 泰銖嘅樓盤升幅最大，按年升 11.7 至 13.7%。唔理你係買嚟自住、抑或退休歎世界嘅，你嘅物業價值有上升，都係一件好事。

置業前須知

之前介紹過日本同台灣嘅樓，揀選嘅地點係非常之重要，首先就係要交通方便，就算你話想近阿仔阿囡返學校，但父親大人返工放工都不能同交通距離太遠啦。

正如前文所講，由於曼谷交通長期擠塞，鄰近 BTS 或者 MRT 很肯定可以為物業大大加分。另一樣就係，代理其實係會建議外國人購買 Condo，即分層住宅（Condominium），而唔好揀出租公寓（Apartment），除咗因為 Condo 附近有齊各種公共設施，超市、商場、交通、診所等等，周邊配套都完善啲，而 Apartment 嘅話檔次其實明顯較低，亦不夠 Condo 受歡迎之外，最主要就係 Condo 同 Apartment 嘅產業權唔同。

以一整棟物業計，Condo 意思是每戶業主各擁有自己嘅產權，每個單位都係由不同嘅業主擁有；而 Apartment 係指成棟樓得一個業主擁有，而成棟樓入面每個單位都可以分開出租，但就唔可以單獨出售，買嘅時候係成棟樓咁買嘅。

不要選擇寺廟附近的物業，因為泰國人一般會在寺廟存放大體及進行火化，加上和尚念經的聲音頗大，勢會影響居住質素，故當地人普遍不喜歡住在寺廟附近。

雖然泰國買樓聽上去好似好吸引咁，但泰國曾經有一段時間政局不穩，大家都喺電視見過啲紅衫軍有幾厲害，有時喺曼谷行街見到啲電話亭，都真係唔呃你，試過見過有中彈嘅痕迹㗎，絕對唔係香港嗰種遊行吓就算嘅級數，政局不穩就當然對經濟有直接影響啦。好彩，喺前任泰王普密蓬駕崩至新任泰王佛齊拉隆功登基後，泰國嘅經濟尚算穩定，都叫做取消咗一個不利因素。

講到呢度，其實都只係講緊用曼谷嚟做例子，畀大家睇吓點樣揀層靚樓，當然啦，泰國都仲有好多唔同嘅地方嘅，簡單啲比較一下啦：

地區	特點
曼谷	• 市中心嘅樓價就已經見頂,例如黃金地段 Sukhumvit,喺 2017 年整體樓價升咗 15%;而於近年有「小日本」之稱的 Thong Lo(通羅區)樓價由 2013 年至 2017 年累升 150%,主要原因係該區物業供不應求。 • 由於當地擁有大量外資廠房,所以企業人員租樓嘅需求,一個字:「渴」物業位處公共交通附近嘅話,租金回報率約有 4 厘。
布吉	• 由於布吉沿海地區多,所以當地提供別墅、Villa 呢一類嘅豪宅比較多,不過近年豪宅供應減少,有助支持樓價。 • 可以揀沿海地區嘅物業,但留意番,Airbnb 喺泰國係唔合法,所以諗住喺布吉買沿海物業嘅話,都係留返嚟自己度假時住啦。 • 樓市有供應過剩嘅迹象。
芭堤雅	• 香港係無直航去芭提雅嘅,一般都係喺曼谷落機之後,一係包車入去,一係就轉坐大巴入去,車程大約係個半鐘。 • 連接東南亞地區同芭堤雅嘅高鐵即將落成。
清邁	• 屬於泰北地區,近幾年多咗人認識,所以對當地樓市有所增加,不過供應量仍然偏低。 • 由於地區偏遠,所以適合退休人士,亦係外國人聚居地。 • 清邁有唔少出名嘅寺廟好似白廟同藍廟咁,市中心舊城區亦有唔少大型嘅廟宇,所以都吸引唔少佛教徒前往。

四個地方都係比較熟悉曼谷?咁當然啦,所以我都係搵咗曼谷啲樓盤同大家一齊睇吓!

參考資料:
Population and Housing Census 1960, 1970, 1980 and 1990,
National Statistical Office,Office of the Prime Minister
National Statistical Office, Office of the Prime Minister
Royal Thai Government
National Real Estate Information Center, NREIC

一球有找平到你唔信
曼谷細價盤

啲人成日都話泰國嘢平，最正有啲地區嘅樓價 100 萬港紙有找！感覺幾乎等同廿年前港人北上買樓一樣，真係一張身分證就可以有一個五星級的家。

「真係 100 萬就有交易？早知係咁我就唔使入紙申請居屋，仲要仆到去房協剛好遲咗唔夠 1 分鐘，閂晒門唔畀入啦！真激氣！」呢位先生唔使咁勞氣，泰國發展商 RICHY 旗下嘅 THE RICH Sathorn Taksin，樓高 23 層，有泳池同健身房。至於住宅方面，Studio flat 單位嘅入場費就大約係 389.3 萬泰銖（約 98 萬港紙），呢類單位嘅實用面積介乎 26.6 至 27.1 平方米（約 286.216 至 291.596 平方呎），即使只係用嚟度假，都唔會覺得肉赤。

項目同時都提供咗唔同開則嘅一房同兩房單位畀住客嘅，一房單位實用面積介乎 29.3 至 39.9 平方米（約 315.268 至 429.324 平方呎），一房單位嘅售價就大約係 460.8 泰銖（約 116 萬港紙）。至於兩房嘅 size 就係 52.6 平方米（約 565.976 平方呎）

項目喺 2017 年 9 月已經完成，位處曼谷唯一嘅雙向十車道城市道路 Sathon 大道。呢條大道同 BTS 二號線完美結合，點解咁講，先係項目毗鄰 BTS Wong Wian Yai 站，而呢個站同時係 MRT 紅線同紫線交匯處，所以亦都有「三鐵交匯處」呢個六通優勢。如果沿 BTS 走嘅話，只要坐七個站就已經到 Siam，仲要唔使轉車添。

樓盤小檔案	
單位建築面積	26.6 平方米起（約 286.22 平方呎起）
地址	曼谷 Sathon 大道
落成日期	2017 年 9 月
售價	約 389.3 萬泰銖（約 98 萬港紙）
首期	約 116.8 萬泰銖（約 28.2 萬港紙）
銀行按揭（以最高承造七成計）	約 272.5 萬泰銖（約 69.8 萬港紙）

參考資料：中原地產項目部

THE RICH Sathorn Taksin 位處「三鐵交滙處」，交通一流無得輸。

半露天式泳池設計獨特。

對住個靚影做運動會唔會都瘦得快啲呢？

Studio flat 單位嘅入場費就大約係 389.3 萬泰銖（約 98 萬港紙）。

單位 size 細細，廚房就梗係開放式啦。

示範單位內設計師就將房間變做工作房，咁你當然可以放番張牀啦。

呢個落地大玻璃窗採光度真係十足。

Room Plan

EXTRA WIDE
7.6 M.

TYPE A

---

40 SQ.M.

Room Plan

EXTRA SPACE

TYPE B

---

30 - 35 SQ.M.

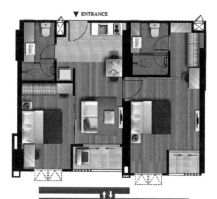

Room Plan

ELITE ROOM

TYPE C

TWO BEDS

59.15 SQ.M.

Brochure 入面仲有其他 size 單位嘅 show flat 添。

鐵路沿線夠方便
曼谷嶄新大型屋苑

　　泰國曼谷大家就去得多啦，夜市、手工藝品、各款地道小食，特別係冬陰功、海南雞飯、芒果糯米飯呢啲都食唔少。講到交通，雖然大家都知道曼谷一塞起車上嚟，兩個鐘係基本，但自從有咗 BTS 同 MRT 之後，其實都改善咗唔少，而且 BTS 依家愈起愈長，就好似香港嘅地鐵咁愈嚟愈多線同站，目的都係紓緩交通擠塞嘅問題；更重要嘅係佢哋嘅 BTS 同 MRT 模式同我哋坐嘅地鐵真係非常相似，所以話如果我哋港人喺曼谷買樓嘅話，近 BTS 或者 MRT 方便之餘又唔怕唔識搭車。

Metro Sky Prachachuen 為一個設有三棟式嘅大型屋苑，合共提供 1,320 個單位。

呢度個泳池旁邊有埋長椅可以畀你瞓喺度，享受日光浴。

三棟大樓各設置一個游泳池

位於曼谷 Bang Sue 區嘅 Metro Sky Prachachuen 就係近住 MRT Bangson 站，講緊只係行大約 3 分鐘路程啫，呢個站剛好踩住兩條鐵路線，即係好似太子站咁，一邊踩住觀塘線，另一邊就踩住荃灣線。呢個位置距離 Siam 市中心雖然遠咗少少，不過曼谷市中心嘅物業開始飽和，所以發展商 Property Perfect PLC 就將呢個項目起喺 Bang Sue 區近 MRT Bangson 站，相距都只係約 9 分鐘嘅車程，呢個站其中踩住嘅一條紫色鐵路，鄰近發展一帶一路「泛亞鐵路」嘅交會核心站 Bang Sue 站，附近亦有 Sirat 高速公路。咁強嘅交通網絡，物業升值潛力非常高。

Metro Sky Prachachuen 現樓落成項目，合共提供 1,320 個單位，包括樓高 25 層嘅 A 座、樓高 21 層嘅 B 座，同埋樓高 23 層嘅 C 座，係屬於大型屋苑嘅規模。項目提供三隻開則單位，包括有一房、兩房，同埋雙層特色戶 MOFF Unit，實用面積介乎 24.47 至 47.65 平方米（約 263.3 至 512.7 平方呎），兩口子退休後歎世界，呢啲 size 就啱晒啦。所有單位都係包裝修、傢俬同簡單電器，根據發展商價單所指，樓價由約 230.1 萬至 602.5 萬泰銖（約 59 萬至 154.5 萬港紙）。

項目距離 MRT Bangson 站只係大約三分鐘步程。

項目內有慢跑步道界住客做運動。

呢個係項目裏面嘅兩房單位，實用面積有 44 平方米（約 473.4 平方呎），客飯兩廳布局分明，飯廳
仲可以放得到一張四人位嘅餐桌組合。

「咁大型嘅屋苑，管理費咪好貴？」你以為啦，呢度一個月管理費只係每平方米 35 泰銖（約 9.7 港紙），記住，呢個價錢係每平方米計，以 1 平方米等於 10.76 平方呎計嘅話，即係 10.76 平方呎比 9.7 港紙，計番其實係畀緊約九毫子一呎管理費，係九毫子呀！「咁係咪得三棟嘢，無會所所以先咁平先？」講真，依家啲新樓唔好話有幾棟夾埋變成一個大屋苑呀，就算得一棟都會有會所㗎啦。呢度有三座樓都有一個泳池，B 座就咁叫做泳池啫，但 A 座同 C 座就叫做空中泳池，仲有桑拿房、健身室、兒童遊樂場、會議室、空中休息室、空中花園、讀書室、慢跑步道、跑步道，by the way 仲有停車場、24 小時保安同 CCTV 監控，又有會所又全天候咁保障你嘅生活，每戶仲有電子門鎖，仲有咩要擔心呢。

雖則頭先講到話呢個盤遠離 Siam 市中心，但唔代表呢度係鳥不生蛋嘅地方，以車程計 11 分鐘之內你可以去到超級市場同購物中心之餘，仲可以去到你同我都好熟悉嘅翟道翟周末市場；遠少少講緊車程 14 分鐘，你可以去到 SCG 皇象 Stadium。當然啦，你可以選擇行約 3 分鐘到 MRT Bangson 站，再坐 MRT 去其他地方。

樓盤小檔案	
單位實用面積	24.47 至 47.65 平方米（約 263.3 至 512.7 平方呎）
地址	泰國曼谷
落成日期	新盤
樓價	60 萬港元起
購買時費用	一次性費用公共維修基金（Sinking Fund）每平方米 500 泰銖（約 128.2 港紙）；以及相當於樓價 1% 過戶費
付款方法	（情況適用於現樓）： 1. 選單位及付預留費用約 15,000 港幣 2. 發展商收到留位費後，會製作合同，客戶簽妥合同後，七天內繳付樓價 30% 3. 付預留費用後 60 天，需完成 70% 尾數，完成過戶手續

參考資料：Property Perfect PLC

一房單位睡房可以放到一張雙人
牀，地方寬敞；落地大玻璃窗吸
自然光令室內光線柔和。

廁所基本三件頭設備齊全，
並以米啡色為主，型格十足。

至於呢個就係一房單位，根據價單資料顯示，實用面積由 24.77 至 33.62 平方米（約 263.3 至
361.8 平方呎）。

退休無憂慢活人生
清邁低密度豪宅

又咁講，香港人去泰國，特別係曼谷都真係去到爛爛哋，所以都開始向曼谷以外嘅地方「尋開心」！芭提雅同布吉都應該係第二爛，再殺落去嘅話可能就要數到華欣，甚至清邁。

清邁有咩好？講真呢個地方就真係無曼谷呢啲大城市咁多姿多采嘅，清邁位於泰國北邊，屬於泰國第二大城市，同曼谷有八至十個鐘頭嘅車程距離，但放心，曼谷到清邁坐一個鐘飛機就到，而香港每日都有好多班機直飛清邁！但講到住就真係一流，先講天氣，咪以為泰國就會熱到黐肺，平均溫度係攝氏25度；而生活水平同曼谷差唔多，可能係近幾年多咗旅客識得嚟呢度玩咁，不過就正如之前所言，清邁無曼谷咁多姿多采，換個角度你可以話清邁嘅生活節奏比較慢，就連有「末日博士」之稱嘅著名投資者麥嘉華（Marc Faber），早年都離開住咗35年嘅香港，選擇定居喺清邁河邊，可想而知呢度係幾咁寫意先得㗎。

生活節奏慢就梗係啱啲退休人士嚟住啦，講少少資訊你知，如果你打算去泰國退休嘅話，泰國係有專為外國人而設嘅退休簽證，條件就係只要存款有多過80萬泰銖（約19.9萬港紙），齊頭數你當20萬港紙左右啦，無病無痛、無案底，年滿50歲就可以申請一年一簽嘅退休簽證！

呢度就係羣峯匯，全數採低密度發展。

發展商曾經得到過好多建築嘅獎項，同專注開發高檔同聯排式別墅，齋睇呢個小橋流水咁嘅 design 就知正啦。

清邁好住

講到呢度，係咪對清邁開始有少少興趣呢？定係你本身對清邁已經有情意結？你鍾意清邁喺地圖上正方形嘅古城？還是泰北最出名嘅食物「靠衰」（即係 Khao Soi，泰文嚟㗎，即係咖喱雞腿蛋麵）？還是鍾意佢嘅文化：可以去白廟、黑廟、藍廟？Anyway，有個寶口先至最重要。

介紹番，由泰國發展商 Point Grey Group 嘅子公司 Summit Global Development 開發嘅羣峯匯（The Mountain Collection）位於清邁杭東，當地人稱呢個地方為有錢人區或者外國人區，距離清邁國際機場同清邁古城只需 15 分鐘車程，距離市中心就大約有 5 至 10 分鐘車程，項目周邊有 11 間國際學校、5 個大型商場、2 座高爾夫球場同 1 間醫院，配套都唔差㗎。最頂癮嘅係如果你買咗唔住，發展商就會保證竣工後包租 3 年兼有 25% 租金回報，「咁筍？」係呀，呢個係人哋賣點嘛，講得出做得到嘅，放心！

成個項目嘅建築基地面積就有 7,563 平方米（約 8,1377.9 平方呎），但總戶數就只有 131 戶，所以係屬於低密度發展嘅住宅，開則就以一房至三房為主，實用面積介乎 40 至 139 平方米（約 430.4 至 1,495.6 平方呎）。會所方面就當然唔少得啦，呢度有兒童水上遊樂區、空中花園、泳池同埋健身中心。不過呢個項目就未竣工嘅，預計要到 2019 年第四季先至會竣工，根據泰國按揭規定，但凡樓花都係做唔到按揭嘅，一房最低消費圍番六十零萬港紙就真係有可能 one off 嘅，但三房嘅一百五十幾萬嚟講就未必個個都得嗰……唔使擔心，發展商就向買家提供一個「分期付款」嘅 offer，就係可以分六期找數，咁就算無銀行做按揭都唔怕啦。

搞掂晒就睇吓發展商開心些牙嘅樓盤示範單位相先啦！

呢個單位採兩房兩廳開則，實用面積 69 平方米（約 742.4 平方呎），一入屋就係客飯廳，用上黑、白、灰同淺木的色調，別樹一格。

兩間房間通咗，一邊就擺咗張雙人大牀，另一邊改裝成為衣帽間咁，留意番，房裏面設有落地玻璃窗，採光度十足。

睡眠區嘅雙人牀仲可以三邊落牀，可想而知空間感係幾咁強。

泰國水燈節其實即係我哋嘅情人節，喺泰國人心目中僅次於潑水節（即係佢哋嘅新年），一年一次呢啲盛事就梗係要入鄉隨俗㗎啦，而當中以清邁嘅水燈節慶祝活動為最盛大、最熱鬧，尤其係被稱為「泰國七大奇景」之一的萬人放天燈活動，如果你真係定居清邁嘅話，咁你就真係要參與吓喇。

樓盤小檔案	
相片單位實用面積	69 平方公尺（約 742.4 平方呎）
地址	泰國清邁杭東
樓齡	預售（2019 年 12 月竣工）
樓價	一房 65 萬港幣起
	兩房 110 萬港幣起
	三房 148 萬港幣起
發展商第一期收款	6.7 萬港幣起

參考資料：講義堂國際地產

講義堂不動產仲介經紀（台灣）有限公司
樓盤查詢電話：+852 5715 9458（陳秘書）

睇完盤又睇吓周圍環境吖，係項目附近有間蘭納風格嘅 Starbucks。

距離項目約 1 公里就有 KAD FARANG 購物村，買嘢食嘢都得。

清邁知名 Maya 百貨又係另一個畀你血拼嘅地方。

想靜靜哋嘅話就可以行吓清邁茵他儂國家公園。

買曼谷樓準備退休

係呀，又到咗「真實個案」分享嘅時間喇，今次搵到位巴打同大家講吓佢喺泰國買樓嘅經驗。

介紹番，呢位巴打叫做 Dick，同太太兩個都係白領人士，原先兩口子都有工返嘅，但最近半年太太辭咗份工之後決定做 freelancer。Dick 畢業之後無幾耐就喺工作嘅地方識到佢太太，之後仲結埋婚添，到依家結咗婚 10 年，仍然都係兩口子生活。Dick 婚後買咗層樓喺荃灣同太太一齊住，不過見早幾年樓市係咁升，諗住賣咗層樓出去，等個市跌再入番市都唔遲，殊不知一賣就恨錯難返，到依家兩公婆都係租屋住。

Dick 都知道再租落去都唔係辦法，雖則男人四十一枝花啫，但係總會有退休嘅一日，咁到時就會無收入，又邊有錢再交租呢。但香港樓價實在太癲，點都估唔到今時今日嘅樓價比起 Dick 五年前賣嗰時幾乎升多一個 double 咁滯。於是就同太太商量，決定衝出香港，到海外買層樓，打算退休之用。

首先考慮到嘅係地點嘅問題，同香港嘅距離不能太遠，因為 Dick 同佢太太嘅雙親都仲喺香港住，返屋企過節、探吓屋企人都易啲呀；其次係間屋買嚟諗住退休用，所以地點方面都想係充滿度假 feel 嘅；最後再考慮嘅就係 budget 嘅問題。將呢三個最主要考慮嘅問題都交咗畀佢哋一位相熟海外物業經紀之後，嗰位經紀就介紹佢哋去泰國曼谷搵喇！

「曼谷呢個地方我同我太太都覺得 OK 嘅，因為之前同人人都有去過曼谷玩，覺得生活水平低啲，啱退休；而且即使曼谷已經發展得好成熟，但當地嘅生活節奏比香港慢啲。」Dick 仲話曼谷同香港都只係隔三至四個鐘機程，又多航班往返，所以最後就決定到曼谷置業。

　　經過兩輪實地睇樓之後，Dick 兩公婆最後揀咗喺 BTS 沿線，Bang Chak 站附近嘅一個樓花，用接近 100 萬港紙買咗一個開放式嘅單位。「揀嗰度嘅原因係自己負擔得起個樓價先啦，其次雖然同市中心 Siam 有啲距離，但其實坐 BTS 的話半個鐘頭都已經可以去到；簡單啲坐三個站到 Ekkamai，呢度因為比較多日本人聚居，有『小日本』之稱，亦有大型商場，有時間嘅仲可以喺巴士總站轉坐入芭堤雅 hea 吓添，都唔錯呀！」Dick 仲話因為佢哋依家買嘅係樓花，預計兩年後就落成可以入伙，到落成時先至開始正式供樓，換言之仲有兩年時間畀佢哋兩個儲番啲錢。「同埋兩年後層樓落成啫，但我未退休㗎嘛，所以就諗住將層樓放租，等人幫我哋分擔吓。」

　　不過，Dick 就話初初見到個盤嘅時候，知道個 location 其實同 BTS 站都有 10 分鐘腳程距離，或者香港人慣咗一落樓就有車搭，所以 Dick 擔心由 BTS 行成 10 分鐘嘅人會嫌遠。「不過，個經紀話對於泰國人嚟講，10 分鐘腳程唔係問題，仲話新樓比舊樓易租出去添。」

泰國置業Q&A

泰國買樓就梗係吸引啦,事關呢個地方本身都係港人熱門旅遊點;再加埋開始出現嘅泰國買樓風氣,啲廣告大大隻字寫住「入場費 60 萬港元」,咁陽光與海灘嘅地方,除咗單位之外,你仲可以去泰國做「土豪」買別墅添,咁有乜可能唔吸引呀!心動呀?好啦,就等你哋——

Q: Question
B: Ben Sir

一人一句問 Ben Sir
識答一定盡量答!

Q: 都係嗰句啦,外國人去泰國買樓有咩限制先?

B: 其實就無話有乜嘢特別限制嘅,只係要注意物業嘅業權份額同稅就得㗎喇。先講業權,之前介紹過嘅日本同台灣買樓,講緊個業權都係 100% 屬於你;但泰國就唔同,你只可以擁有 49% 物業永久業權(freehold)嘅啫,點解?無得解,人哋法例講明㗎嘛。

至於單位嘅業權形式就有分租賃業權(leasehold)同永久業權,最大分別就係講明租賃業權嘛,當租賃期完咗之後,泰國政府係有權將物業收番,所以喺泰國買樓,一定要揀有永久業權嘅物業呀,如果對於呢個部分有唔清楚嘅話,你可以睇番售樓書,一般都會有列明,當然你都可以問番你嘅代理。

至於稅嚟講呢，由於泰國政府係非常歡迎外國人到泰國買樓嘅，所以稅嗰方面同當地人畀嘅物業稅係一樣。業主通常需要畀 3% 至 8% 嘅房產稅；而泰國係無資本利得稅，即係等於香港嘅利得稅，香港賣咗樓賺咗稅係會收你利得稅，但泰國就無呢件事嘅，所以大家可以放心。

不過，其實泰國都有類似香港嘅「辣招稅」，嗰度叫做「特別商業稅」，不過稅率只係 3.3%，唔似香港嗰啲收 5%、10%，甚至 double 添。「特別商業稅」就係話如果你買咗層樓未夠五年就賣返出去，就需要交呢個稅，大約係 3.3%；但你揸到五年之後先賣嘅話，咁就只需要交一個 0.5% 嘅印花稅就可以啦。同埋買樓時只需付 2% 過戶費，咁就得喇。

Q: **聽人講可以喺泰國買地，咁外國人去泰國做「地主」又得唔得先？**

B: 根據泰國投資促進委員會（Board of Investment of Thailand）嘅法規（Land Code Act 第 96 條），以個人名義買樓最多只限「單位」啫，事關根據泰國法例，外國人係唔可以持有土地；就算你話你同一個當地人結婚咁都係唔得㗎喎，即係話任何一啲接觸到地面嘅物業，都唔可以由外國人持有。

咁又唔使咁灰嘅，如果你真係咁想做「地主」嘅話，你可以透過租嘅。外國買家可以以 30 年租賃期嚟租住塊地先嘅，但係買家要先確保合約裏面所有嘅規定都一定要準確，包括你租嗰塊地嘅「適當所有權」。

30 年期又真係話長唔長、話短唔短嘅。不過土地續租呢件事唔係話完咗之後就自動續租，如果你仲想做嗰塊地嘅「地主」，咁咪喺份約完之前去申請續租囉，最多可以續租兩次，類似台灣嘅地上權啦。但係續約呢件事係非常困難，同埋就梗係要得到部門批准；而且呢啲嚴格嚟講叫做「土地使用權」而唔係「實際擁有權」。

仲有條橋嘅，就係喺泰國開間有限公司，然後用公司嘅名義去買地。不過呢間泰國有限公司，當中有 51% 以上股份係由泰國公民持有番，你啱呀，外國人又唔係可以 100% 擁有㗎。當啲股權分配好之後，咁就可以簽字將間公司嘅權利移交番畀海外嘅設立人。

Q: **我真係要賞喇，有咩要準備先？**

B: 唔使講咁多，錢係一定要嘅。首先係需要由外國用外幣存入當地嘅賬戶，喺電匯文件註明筆錢係用嚟買泰國樓嘅，仲要寫低埋你買嗰層樓嘅大廈／屋苑名同地址。

留意啦，當你入嘅外幣成功轉入對方戶口時，收款銀行會將外幣以當日嘅匯率兌換成泰銖，再轉入收款人嘅戶口，而電匯匯率一般會比其他兌換高啲嘅，所以大家計好條數喇。

之後就到啲細數目嘅嘢同文件喇。水、電錶記得改名同準備畀押金嘅錢、過戶授權書、近期泰國入境紀錄、100% 匯入款項證明、買家護照、身分證件副本、買賣合約，如果買家係已婚嘅就需要畀埋結婚證書。呢堆資料準備齊全之後，大約一日之內就可完成過戶手續。

仲有啲錢你係需要畀嘅，如果你係買入永久業權嘅物業嘅話，就需要畀物業估值 1% 嘅業權轉讓費，同埋大廈維修基金，呢條數畀一次就得㗎喇，用你層樓嘅面積計，每平方米就大約係 400 至 1,000 泰銖。另外，買家每年需要預繳一年嘅管理費，視乎你層樓咩質素啦，一般大約 360 至 960 泰銖。

Q: **咁我點樣向銀行申請按揭？申請按揭又要啲乜？**

B: 最唔使用你個腦嘅方法就係用你 agent 個腦啦，一般嚟講如果你係搵物業代理幫你喺泰國買樓嘅話，你嗰位負責任嘅 agent 就會為你打點一切㗎喇。

「靠自己」買樓嚟講，以前外國人買泰國樓係做唔到抵押貸款，但依家就可以攞到利率約為 7% 嘅抵押貸款。如果借款人（即係買家）未過 60 歲，咁按揭貸款期可以做到 30 年。

基本上泰國當地銀行係唔向外國人提供按揭，但準買家可以搵海外銀行做離岸按揭，例如匯豐銀行、大華銀行或者工商銀行呢類海外銀行，最高可做七成按揭，不過息口就會高啲囉。

另外，如果你係喺泰國買樓花嘅話，咁唔好意思啦，因為海外人喺泰國買樓花係做唔到按揭，換言之買家係需要一筆過畀晒嘅，但都唔使怕，因為發展商通常都會將樓價攤分唔同嘅時段要求買家畀錢，你可以視為一種分期付款啦，通常都會係畀一筆首期，然後隔一段時間再畀，最後就會喺項目落成之後畀埋最後嗰筆錢，咁當中分幾多期、每期畀幾多錢就視乎發展商開出嚟嘅時段同每次畀幾多而定喇。

Q: **買樓簽約就梗係要經律師㗎啦，咁泰國搞定香港搞先？**

B: 先生／小姐，搞清楚一樣嘢先，就係喺泰國買樓搞嗰啲手續係可以不經律師㗎喎，買家可以喺香港簽約都得，再交畀你嘅 agent 幫你搞埋佢就可以㗎喇。

不過咁，雖然泰國買樓份合約係有泰國同英文版本嘅，但如果你唔放心嘅話，建議你都係搵番個律師幫你啦。

Q: **聯名買樓又得唔得先？**

B: 得，但最多五個人，同埋要夠 21 歲先可以。所以「廿四孝慈父／母」諗住買層樓畀啱啱滿月嘅 B 仔／囡嘅話，咁咪用住你哋兩公婆個名先囉。

都係啦，有份上名嘅就要交番啲身分證明文件就可以，最基本就係本護照囉。

投資者Q&A

Q: 咁泰國樓可唔可以放租先？我做慣「包租公」嘛……

B: 又點會唔可以呢，泰國嘅租約同香港都係一樣「一年生、一年死」，續租嘅話就一年一次，當然啦，你都可以搵 agent 搞掂佢嘅。

Q: 如果我一心買層泰國樓嚟做投資，放租畀人，有啲咩要注意呢？

B: 首先，唔好以為單位面積愈大愈好，因為喺泰國最容易出租嘅單位，一般都係 300 至 500 平方呎、一至兩房嘅中小型單位。都係嗰句，泰國都有唔少企業員工類嘅租客出現，一來呢啲 size 啱公司租，二來企業幫員工租層樓做宿舍，頂多都係住一至兩個人。

第二，喺泰國放租嘅單位，係必須配備全屋基本傢俬同電器，絕對唔可以「吉」屋一間。

第三，你怕雞同鴨講嘅話，絕對係可以委託代理幫你放租，代理通常會收取一個月租金作為佣金嘅。有部分新樓盤發展商仲會幫你搵埋租客添，目的就係想吸引一啲專係諗住買樓收租嘅投資者，所以發展商先會提供一條龍服務，甚至有啲吸睛策略就係發展商提出第一年物業嘅一個指定嘅租金回報率，就算租唔出，發展商都「拍心口」畀番個租你，等你有錢收。

至於你嘅租金回報率係幾多就要視乎物業嘅位置，咁離不開都係交通方便、配套好、附近有齊日常生活所需嘅，就自然租得快又租得好啦！

Q: 長租畀人嘅話,咁我去泰國咪「有樓無得住」?如果我將層樓轉做 Airbnb 得唔得先?

B: 其他地方得,唔代表泰國係得㗎!根據泰國目前嘅法例 The Hotel Act B.E. 2547(2004)指出:"Providing temporary accommodation or short-term rent for less than one month is considered as carrying on a hotel business." 意思就係話短期出租係商業行為一種,你可以做嘅。大前提你要向泰國投資促進委員會申請咗酒店牌照先可以囉,唔係話你要做就做,OK?

參考資料:
Thailand Law Library, Civil and Commercial Code sections 1298 to 1434
Board of Investment of Thailand

馬來西亞篇

馬拉

去完泰國，我哋又再去一個火辣辣嘅地方——馬來西亞。講起呢個地方，除咗吉隆坡之外，最多遊客去嘅就係沙巴，嗰度嘅陽光與海灘真係靚到呀一聲，仲有間中會有啲香港明星去登台嘅雲頂。不過講到一絕嘅就梗係當地嘅美女啦，最出名嗰個咪就係國際影星楊紫瓊囉，仲有香港大台女演員楊秀惠都係「馬拉妹」嚟㗎！更正更正嘅係當地樓價比香港平，而大馬政府就規定咗海外人士必須喺當地買 100 萬馬來西亞令吉（約 200.6 萬港紙）以上嘅物業，「兩球」啫，喺香港買個劏房都唔得啦！

認識馬拉

　　馬來西亞呢個地方係由前馬來亞聯合邦、沙巴、砂拉越同新加坡喺 1963 年 9 月 16 日組成嘅聯邦制、議會民主制、選舉君主制同君主立憲制國家。到咗 1965 年 8 月 9 日，新加坡從聯邦中被除名兼且獨立建國，所以你會見到今時今日嘅馬來西亞同新加坡係兩個國家。而馬來西亞目前全國共有 13 個州，另有三個聯邦直轄區，其中一個就係大家都認識嘅吉隆坡。

　　地方之大人口亦都唔少，根據馬來西亞統計局嘅數據，2017 年第四季當地人口為 3,230 萬。按世界銀行數據，2016 年當地國內生產總值（GDP）為 2,965.37 億美元，人均 GDP 就係 9,180.69 美元。呢兩個數，對比中國逾 13 億人口同 11.2 兆美元嘅 GDP 嚟計，人均 GDP 就即係 8,123.18 美元，咁你話馬拉經濟個底差唔差喇。

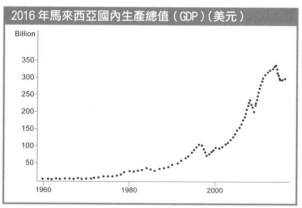

（資料來源：世界銀行）

　　另外，大馬政府亦發展緊一個項目，叫做「大吉隆坡」，呢個計劃目的係成為全球伊斯蘭金融中心、第一伊斯蘭債券市場同東南亞嘅伊斯蘭金融中心總部，因為咁而興建敦拉薩國際貿易中心；亦都有消息指出，印尼房地產發展商穆利雅集團、澳洲房地產發展商 Lend Lease，同埋「大笨象」滙豐銀行都會進駐，似乎大馬未來經濟發展前途一片光明。

經濟咁好，咁係唔係啲樓價貴過人㗎？傻瓜，喺呢本書講得嘅又點會貴到買唔起先得㗎。根據當地一份《2017年馬來西亞地產市場報告》顯示，馬來西亞樓價指數（Malaysian House Price Index，簡稱MHPI）由2016年嘅176.1，按年升6.4%至2017年嘅187.4，主要係受到排屋樓價指數（Terraced House Price Index）按年大升8.6%推動所致。其餘三種房屋指數，即係高層住宅樓價指數（High-rise Homes Price Index）、獨立式住宅（Detached Houses Price Index），同埋半獨立式住宅（Semi-Detached Houses Price Index）嘅升幅分別係5.3%、4.3%同4.4%。

另外，呢份報告仲公布咗馬來西亞主要嘅四個城市吉隆坡、雪蘭莪、柔佛同埋檳城嘅樓價走勢，雖然四地嘅樓價按年都出現倒退，但當中雪蘭莪同吉隆坡嘅升幅仍然超過7%；至於檳城雖然按年升幅只係得5.2%，但按年度比較呢個地方嘅倒退幅度最細，只有0.2個百分點，即係話呢個地方嘅樓價係比較硬淨。

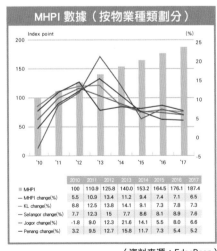

	2010	2011	2012	2013	2014	2015	2016	2017
▥ MHPI	100	110.9	125.8	140.0	153.2	164.5	176.1	187.4
— MHPI change(%)	5.5	10.9	13.4	11.2	9.4	7.4	7.1	6.5
— KL change(%)	8.8	12.5	13.8	14.1	9.1	7.3	7.8	7.3
— Selangor change(%)	7.7	12.3	15	7.7	8.6	8.1	8.9	7.6
— Jogor change(%)	-1.8	9.0	12.3	21.6	14.1	5.5	8.0	6.6
— Penang change(%)	3.2	9.5	12.7	15.8	11.7	7.3	5.4	5.2

（資料來源：EdgeProp）

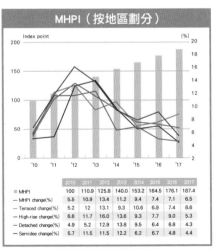

	2010	2011	2012	2013	2014	2015	2016	2017
▥ MHPI	100	110.9	125.8	140.0	153.2	164.5	176.1	187.4
— MHPI change(%)	5.5	10.9	13.4	11.2	9.4	7.4	7.1	6.5
— Terraced change(%)	5.2	12	13.1	9.3	10.6	6.9	7.4	8.6
— High-rise change(%)	6.6	11.7	16.0	13.6	9.3	7.7	9.0	5.3
— Detached change(%)	4.9	5.2	12.9	13.8	9.5	6.4	6.8	4.3
— Semidee change(%)	5.7	11.5	11.5	12.2	6.2	6.7	4.8	4.4

（資料來源：EdgeProp）

置業前須知

　　一開始都有提過，依家講多次啦，就係如果你喺馬來西亞買樓嘅話，根據大馬政府規定，海外人士必須喺當地買 100 萬馬來西亞令吉（約 200.58 萬港紙）以上嘅物業，換言之對於我哋嚟講，喺馬拉買樓入場費就係 100 萬馬來西亞令吉。

　　至於揀地方方面，最大路就係市中心同一啲你同我都諗得出嘅地點，好似雙子塔、吉隆坡市中心咁；另外，新山呢個地方都諗得過，呢個地方其實同新加坡只係一橋之隔，點解呢度好？因為 under 一帶一路之下嘅泛亞高鐵裏面，連接吉隆坡同新加坡一段嘅隆新高鐵（又叫做新大高鐵），呢一個連接絕對係大馬潛力發展區，咁你話啲樓價會唔會有得升呢？哈哈！

　　講到呢度，就提一提位於柔佛州南部嘅依斯干達，呢個地方係繼吉隆坡同檳城之後，馬來西亞政府銳意打造嘅新區，由 2006 年至今一共投放 1,880 億馬幣（約 3,760 萬港紙），佔地總面積 2,217 平方公里，等如兩個香港，與新加坡隔海對望，地理位置和經濟合作關係猶如香港同深圳。

　　呢個區裏面有五個重點區域，包括 A 區新山（州首府），頭先都有講過少少啦；而 B 區努沙再亦都係新嘅行政區，其中包括重點發展嘅美迪尼特區（Medini），以住宅、教育同健康休閒設施為主。

　　美迪尼嘅稅務優惠係整個依斯干達最高，不單止無限制海外買家所買物業嘅樓價，仲可獲當地銀行承造七成按揭外，更可以豁免日後賣樓時要畀嘅產業增值稅，比香港嘅額外印花稅措施吸引。

不過，要留意一樣嘢就係，2017 年底有當地傳媒話，大馬聯邦政府宣布由 2017 年 11 月 1 日開始，會無限期凍結豪宅發展嘅批核，主要原因係避免供過於求嘅問題。雖然當局透露呢一個係暫時嘅措拖，但如果諗住喺當地置業嘅話，都要留意一下事態嘅發展。

　　另一方面，92 歲的前首相馬哈蒂爾（Mahathir Mohamad）率領「希望聯盟」勝出大選，推翻了自 1957 年馬來西亞獨立後一直執政至今、統治超過 60 年的執政聯盟「國民陣線」，當地政治局勢會否對樓市有影響，同樣值得關注。

　　知道依家馬來西亞大概嘅情況而仲想睇吓當地樓盤嘅話，咁就麻煩大家揭去下一頁啦。

參考資料：
Wikipedia
department of statistics malaysia, official portal
www.ceicdata.com|CEIC Generate 及世界銀行
New Straits Times Online
Valuation and Property Services Department/EdgeProp

商住核心無得輸
吉隆坡心臟地帶豪宅

講起馬來西亞又點會唔去雙子塔呢，唔上去都睇吓嘛；喺雙子塔附近嘅呢個啱啱喺 2017 年落成嘅樓盤 The Mews，呢個位處於 KLCC 城中城商業區、巴比倫商圈同升禧藝廊附近嘅住宅由 Eastern & Oriental Berhad（E&O 東家集團）同日本嘅三井不動產集團（Mitsui Fudosan）共同開發，咁多商業大廈喺周圍，當然會吸引唔少人進駐，特別係一啲喺商圈返工嘅打工一族，亦都唔少得嘅就係進駐咗馬來西亞公司嘅海外員工作為宿舍之用，事關附近仲有國際學校，成件事就好似係住喺中環咁款，一句講晒：天之驕子。

至於交通方面都唔需要擔心，圍住項目附近嘅就已經有唔少火車站同地鐵站，包括有 Ampang Park、Dang Wangi、KLCC 地鐵站；Bukit Nanas、Bintang、Raja Chulan 單軌火車站。要買嘢就梗係更加唔使驚啦，你有無見過中環無嘢買先得㗎！附近有成六個商場同購物中心畀你慢慢行。

The Mews 由兩棟 38 層嘅高樓組成，提供 256 個單位，樓價由 177 萬至 589 萬馬來西亞令吉（約 354 萬至 1,178 萬港紙），計番每平方呎嘅價格就係由 1,920 至 2,253 馬來西亞令吉（約 3,840 至 4,506 港紙），所有單位一共分咗五種唔同類型嘅房型，分別有一房嘅 A 房型，實用面積 925 平方呎；兩房一套嘅 B 房型，實用面積 1,270 平方呎；2+1 房式套房嘅 C 房型，實用面積 1,463 平方呎；三房兩套 D 房型，實用面積 2,066 平方呎；同埋閣樓套房嘅 E 房型，呢隻係

呢棟金光閃閃嘅高樓就係 The Mews 啦。

最大 size 嘅，實用面積分別有 2,421 平方呎同 2,615 平方呎兩種，至於格局就兩個 size 都一樣嘅，都係屬於三房三套連工人套房。

會所當然唔少得嘅就係健身房啦，除此之外仲有壁球場、游泳池、水療池、住戶休閒廳、兒童游泳池、兒童遊樂場、多用途禮堂；另外喺 37 樓屋頂有一個休憩花園，可以作為一個觀景台畀你一眼睇晒馬來西亞嘅靚景，咁多嘢玩唔怕悶死啦。

樓盤小檔案	
相片單位實用面積	一房單位：925 平方呎 兩房單位：1,270 平方呎 2+1 房式：1,463 平方呎
地址	馬來西亞吉隆坡
落成日期	2017 年 9 月
樓價	177 萬馬來西亞令吉起（約 354 萬港紙起）
首期及銀行按揭	80% 按揭（總首期 70.8 萬港紙起） 另發展商提供港人買家相當於樓價 10% 折扣優惠

參考資料：Eastern & Oriental Berhad（E&O 東家集團）

入門口嘅位置都設計得好靚㗎。

呢個泳池個感覺好似游吓游吓就游咗出去，會喺個天空繼續游緊咁款。

呢度就係 37 樓嘅休憩花園，坐喺度曬吓月光嘅時候，分分鐘識到你嘅新鄰居。

先睇吓 A 房型先，呢個係一房單位，實用面積為 925 平方呎；呢個呎數係香港嘅話，唔該同我劏三間房出嚟呀。

喺外國主人房放張雙人冧仲可以三邊落冧是常識吧！最正就係呢個大型嘅落地玻璃窗，吸光度十足！

嚟睇睇 B 房型先，呢個係屬於兩房一套嘅單位，實用面積 1,270 平方呎，客飯廳用上深啡色木，以人字形方式排出木地板，滲透出歐陸氣息；砌得出呢隻地板都真係好考師傅嘅功力喇。

浴室就梗係唔會見到
黑廁先啦，不過就用
咗黑白兩色做配色，
幾咁鮮明又襟興。

可能再同個客飯廳做個反比顏色啦，主人套房鋪咗淺色
嘅牆紙，配襯個充滿歐洲 vintage 風味嘅鏡同枕頭套。

好啦好啦，望埋 C 房型啦，呢個單位就係 2+1 房式套房，實用面積 1,463 平方呎，同樣地用上人字
形拼砌而成概木地板，最吸睛都係嗰張四人雲石餐桌組合。

入到主人套房就見到一個類似人字形拼砌出嚟嘅黑白色紋地氈，擺到明就係襯番個地板啦。

成日見到有啲房
喺售樓說明書
寫住「多用途
房」，即係你基
本上點用都得，
用嚟做遊戲室又
得、雜物房又
得，人多嘅做埋
睡房都仲可以，
但呢個就用嚟做
書房啦。

海邊景緻更艷雅
檳城高尚住宅

喺前面嘅介紹就有講到根據《2017 年馬來西亞地產市場報告》嘅數據，就話檳城嘅樓價雖然按年升幅只係得 5.2%，但按年度比較呢個地方嘅倒退幅度最細嘅，即係話呢個地方樓價嘅抗跌力不錯，對於投資者嚟講係一個可取嘅地方；就算你話你買嚟自住，唔係好怕個樓價升定跌，我諗你都唔想對住一個負資產嘅物業啩。

喺馬來西亞檳城嘅斯里丹絨檳榔北邊嘅海岸就有呢座 Andaman at Quayside，當中住宅部分就係 18 East, Andaman at Quayside，係由 Eastern & Oriental Berhad（E&O 東家集團）發展。呢個項目提供 210 個單位，開八款則，由一房至三房單位，另外仲有奢華閣樓單位，建築面積由 998 平方呎至 4,813 平方呎，售價由 151.9 萬馬來西亞令吉起（約 303.8 萬港紙起），成棟樓設有 7×24 全天候嘅保安系統，亦有專用嘅出入口通道，高度嘅安全同私隱，同明星真係無分別。

呢度就係 Andaman at Quayside，而矗立出嚟嗰度就係所講嘅住宅區 18 East Andaman。

咁一流嘅住宅就當然有一流嘅會所配合啦，泳池、沙灘泳池、吊牀區、深水池、滑水道、兒童遊樂戲水區、漩渦水池、籃球同排球場、戶外溫泉池、冷熱水療池、同噴水按摩池，咁多嬉水玩意，主要原因都係本身項目地理位置近海，嚟得馬來西亞呢度又點少得水上活動先！至於你話會所指定動作——健身室，就梗係有啦。

　　如果要去買嘢嘅話其實都好方便㗎喎，項目同地標 Stratis Quay 只係幾步之隔，附近亦都有餐廳、國際學校、醫療中心、會所、國際酒店、街市、購物商場同埋一啲海鮮餐館。了解完個項目同附近一帶有啲乜之後，不如走入屋裏面睇吓啦。

樓盤小檔案	
相片單位實用面積	2,036 平方呎
地址	馬來西亞檳城斯里丹絨檳榔
落成日期	2016 年第三季
樓價	363.3 萬馬來西亞令吉（約 726.6 萬港紙） 另外發展商向港人買家提供現金回贈 及相當於樓價最高 30% 的限時折扣優惠
首期	約 145.3 萬馬來西亞令吉（約 290.6 萬港紙）
銀行按揭 （最高相當於樓價六成計算）	約 218 萬馬來西亞令吉（約 436 萬港紙）

參考資料：Eastern & Oriental Berhad（E&O 東家集團）

呢個大堂唔講仲以為係喺酒店等 check-in 時影添。

呢度就係會所裏面嘅健身室，器材都好齊全㗎。

入屋睇睇呢個兩房單位先，呢個單位嘅實用面積係 2,036 平方呎，呢度係客飯廳以白色為主色調，令到室內光線變得更光猛。

從呢個角度睇，客飯廳咁光猛另一個最大原因就係呢兩隻大型落地玻璃窗。

客廳放咗一張大型 U 形梳化，配上兩張單座位梳化同古典味大櫃，別有一番風味。

客廳走出去就有露台，放兩張凳喺度畀你欣賞屋外嘅景色。你諗吓，兩條友坐喺度拎住杯紅酒對住個「鹹蛋黃」，嘩，正呀！

呢間就係主人套
房，係咪大過你
依家住緊個廳
先？都係放咗一
張大雙人牀之後
仍然可以三邊落
牀，仲有大把位
走動。

主人套廁設有一個大
浴缸同埋兩個洗手
盤，男女戶主就算同
一時間起身，都唔使
話一個要行出去用另
一個廁所洗面咁麻煩
啦。

呢度就係另一間套房，牀上安裝咗個高身牀架，如果整個帳蓬
嘅話，你話似唔似童話裏面公主張牀先。

呢個就係客飯廳旁嘅廚房，開放式廚房最方便就係地方夠大，
可以畀幾個人同時一齊整嘢食，「轉身射個三分波」就可以將
碟餸拎到去飯廳嗰邊，同屋企人分享，so good。

呢度就係客廳嘅廁所，採白
色為主，設備齊全。

夢寐以求的生活形態
新山排屋別墅

之前都介紹咗檳城同吉隆坡兩個靚盤啦，其實馬來西亞仲有一個地方最近都好 hit，就係新山，亦即係依斯干達經濟特區嘅其中一個市。呢個地方除咗同新加坡只係一橋之隔之外，仲有「一帶一路」呢個 concept 喺裏面，發展潛力真係唔係你同我諗得到。一個咁高潛力嘅地方，投資者以無寶不落嘅心態落注，呢度嘅樓價都真係難以想像。

至於隔籬嘅依斯干達經濟特區亦都不容忽視，之前有講過當中美迪尼區仲有好多稅務優惠，而正正就係呢個區有一個喺 2016 年第三季首批入伙、由 Eastern & Oriental Berhad（E&O 東家集團）同馬來西亞主權基金國庫控股（Khazanah），仲有新加坡淡馬錫聯合發展嘅 Avira，當中聯排屋別墅 Avira Garden Terraces 更加係非常吸引，呢度有 458 個單位，樓價都只係 133 至 174 萬馬來西亞令吉（約 266 萬至 348 萬港紙），呢個價錢我諗你可以試吓抽居屋嘅，仲要係抽到先算啦。

大型項目 Avira，以大自然、居住及度假為主，整個項目佔地 207 英畝（約 901.7 萬平方呎），等於兩個有多嘅天水圍嘉湖山莊咁大。整個項目共有七個小區，將發展為大型住宅同商場，住宅包括半獨立洋房、排屋、高座分層同服務式住宅等。

Avira Garden Terraces 嘅第一期分兩個唔同 size 嘅單位，A 戶型嘅係三房兩廳嘅間隔，單位建築面積為 2,235 平方呎。至於 B 戶型同屬三房兩廳嘅間隔，建築面積就係 2,210 平方呎，而呢一期喺今年竣工，至於第二期就預計喺 2019 竣工。

排屋別墅睇落真係非常吸引！

咪以為呢個地方喺馬來西亞近新加坡，就好似離馬來西亞嘅市中心好遠，其實呢度有車係直達去吉隆坡、士乃國際機場同埋新山市中心，當然唔少得嘅就係直通車去新加坡啦。

　　如果你話你唔使去咁遠水路嘅話，附近嘅周邊設施都可以應付到你生活需要，好似有商業中心、購物中心、零售舖、學校、醫院、高爾夫球鄉村俱樂部等等，所有嘢都喺你 5 至 10 分鐘車程範圍內。

　　講咗咁耐，不如入屋睇吓先啦。

樓盤小檔案	
相片單位實用面積	2,210 平方呎
地址	馬來西亞柔佛州美迪尼
落成日期	2016 年第三季
樓價	133 萬馬來西亞令吉（約 266 萬港紙）
首期	約 53 萬馬來西亞令吉起（約 106 萬港紙）
銀行按揭 （以最高相當於樓價六成計算）	約 80 萬馬來西亞令吉起（約 160 萬港紙）

參考資料：Eastern & Oriental Berhad（E&O 東家集團）

咫尺國際置業（香港）有限公司提供部分樓盤資料
樓盤查詢電話：+852-9696-0081 / +852-9696-0082

呢個係項目 B 戶型裏面其中一個三房單位，建築面積為 2,210 平方呎。

客廳另一邊嘅飯廳其實就喺開放式廚房隔籬，呢頭煮完嗰頭食，夠晒新鮮熱辣。

頭先都講咗廚房採開放式設計啦，前面仲有張 bar 枱仔畀你食輕食餐用。

一個竹製嘅窗簾令刺眼嘅陽光變番柔和，睇到都想瞓。

管理層退休移居大馬

　　屆逾 50 歲嘅 Steven 一直都係從事靠 commission 嘅 Sales 行列，做咗咁耐由新仔慢慢做到上一間上市公司 Sales team 嘅 team head，憑着口才出眾、說話玲瓏，五十零歲之嘛，就可以同太太帶埋佢哋「仔仔」（貴婦狗）移居馬來西亞，過住退休生活喇。

　　「本身我同太太住喺將軍澳最深處嗰度嘅，係就係交通唔係咁方便，但勝在買嗰時夠平，可能我哋係第一批人住入去，開荒牛囉。」Steven 仲話喺香港搵一層有 700 平方呎嘅樓，都真係要搵到山旯旮先有，好彩都叫做有地鐵駁住，而佢本身返工又返灣仔嘅，出入嚟講都唔算好麻煩。

　　「都做咗咁多年啦，一早就想退落嚟，但係喺香港要退休都唔易㗎，同太太商量好後，就決定兩個人帶埋『仔仔』過去，一家三口一齊住。」於是 Steven 就開始着手搞退休大計，由於佢做開 Sales，識人多過識字，所以好快就搵到一個熟悉大馬樓嘅代理幫佢喺當地置業。最終佢用咗 118.8 萬馬來西亞令吉（約 238.7 萬港紙）買咗一間位於吉隆坡，挨近巴生河附近嘅一個分

層單位，面積大約係 710 平方呎，一房隔間，仲附有一個車位添，Steven 仲嗱嗱聲臨老考車牌添呀！「都唔係嘅，其實屋企對面，隔住條河就係大型購物中心 NU Sentral，喺呢座商場嘅前後就分別有 Tun Sambanthan 同 KL Sentral 嘅車站，要搭車都唔係話好難嘅。」其實喺度隔籬就係吉隆坡飛禽公園，仲有兩個動植物公園，同埋國家英雄紀念碑公園添；反方向另一邊就有好多間食肆、超級市場、雜貨舖等等嘅生活配套，都可以叫做旺中帶靜。

　　至於香港嗰層樓，Steven 就話租出去先，怕佢同太太一旦唔適應馬來西亞嘅生活，都有條退路返香港住，「如果真係咁嘅話，到時咪倒番轉，將馬拉層樓租出去，住番喺香港囉，不過『仔仔』就麻煩啲啦，因為帶佢過去馬拉嘅時候，又要特登去打針、又要隔離七日，仲要搵啲航空公司係可以畀寵物上機添，如果返嚟又要隔離七日，諗起都有啲肉赤。」呢位「爸爸」真係唔話得呀！

馬拉
置業Q&A

睄咗咁多盤，又對馬來西亞呢個地方有初步嘅了解，係咪仲想知多啲關於喺馬拉買樓嘅事，甚至想過埋去住，離開香港呢個充滿「土地問題」嘅城市呢？

Q: Question

B: Ben Sir

一人一句問 Ben Sir
識答一定盡量答！

Q: 講咁耐我知海外人可以喺馬來西亞買樓，但有無話有咩條件先？

B: 其實之前都有講過海外人可以喺馬來西亞買樓，仲係 100% 全數產權擁有，而樓價必須喺當地買 100 萬馬來西亞令吉（約 200.6 萬港紙）以上嘅物業。另外，仲只有部分類型嘅物業先至可以買嘅。

買得
土地住宅建築（Landed property）
分層單位／公寓—開放式、閣樓、複式單位 （Condominium—studio room, penthouse, duplex）
平房（Bungalow）
平房土地（Bungalow land）
半獨立式住宅（Semi-detached house）
排屋（Terraced house）

唔買得
政府儲備土地（Malay Reserve Lands）
土著單位（Bumi Lots）
低至中等成本的物業（Low to medium cost property）

買咗樓之後你攞嚟自住就無事無幹嘅，但如果你決定賣樓，由你買嗰刻簽約起計，如果你持貨只有五年而賣嘅話，就要畀 30% 資產增值稅；五年後就只需畀 5% 啫。點解兩者爭咁遠？唔難理解呀，就係防止一班海外炒家炒起佢哋嘅樓價之嘛。

Q: 我都知大馬樓係平，但一時之間要我畀幾十萬又難啲，想問同銀行做按揭嘅話可以做到幾多㗎？

B: 一般喺大馬嘅銀行做物業按揭嘅話，按揭成數比例大約係五至六成，如果你係透過 MM2H 申請移民兼且買樓嘅話，咁可以得到再高啲成數嘅按揭，最後幾多就要視乎你個 case 而定。而你需要準備定你嘅收入證明（即係糧單）、存款證明、護照（提供你嘅個人資料咁解啫）交畀銀行做審批；若然你係老闆做生意嘅話，咁就要準備埋公司註冊證明。馬來西亞嘅銀行係比較少審查申請按揭人士喺海外嘅信貸紀錄。而一般嘅利息介乎 4 厘至 4.5 厘。

Q: 吓吓飛過去唔掂喎，遙距得唔得呀？

B: 如果你可以親身飛過去睇完個盤滿意喇，之後再簽約咁就梗係最好啦；但如果你攞唔到假嘅話都唔緊要，你都可以喺香港完成手續。你只需要安排一位喺大馬註冊嘅律師喺香港幫你做見證簽約，或者去馬來西亞駐香港領事館搵最高嘅專員幫你見證簽署合約，咁就可以完成買賣㗎喇。

Q: 買樓嘅錢我知要畀，但仲有無其他額外費用㗎？

B: 係有㗎，分別係契稅、門牌稅同地契稅。我哋一個表睇晒佢啦！

樓價	契稅	門牌稅及地契稅
10 萬馬來西亞令吉 （約 20 萬港紙）或以下	收相當於樓價 1%	1,500 馬來西亞令吉 （約 3,000 港紙）
10 萬至 50 萬馬來西亞令吉 （約 20 萬至 100 萬港紙）	收相當於樓價 2%	
50 萬馬來西亞令吉以上 （約 100 萬港紙或以上）	收相當於樓價 3%	

另外，買一手同二手樓要畀嘅雜費係有唔同嘅。先講買一手樓先，買家只要畀律師費及 1% 至 3% 嘅印花稅就 OK 㗎喇；但如果係買二手樓嘅話，就要另外再畀樓價 2% 嘅物業轉讓印花稅。

Q: 咁喺馬來西亞買樓煩唔煩㗎？有咩程序？

B: 唔煩嘅，其實同香港嘅買樓程序差唔多嘅。首先就梗係要睇樓先啦，睇啱要買喇，之後我用訂金係 10% 為例子啦，先畀相當於樓價 3% 嘅訂金，咁接住嗰 14 日之內就要簽買賣協議，跟手畀埋 7% 嘅訂金（total 10%），再接住嗰三個月完就畀埋尾數，咁你嗰份買賣協議書上面就會雙方蓋印作實，再去土地註冊處註冊，成個過程就完㗎啦。都係嗰句：有 agent 幫你嘅話，你就會定時定候有 agent 話你知要畀幾多錢同簽啲乜㗎喇。

Q: 可唔可以聯名買樓？

B: 可以，你填幾多個落去都得，無上限；而且馬拉樓嘅房產權有分 99 年同永久產權，可以留畀你嘅下一代。正因為咁，如果你兒孫滿堂嘅話，咁你就要喺加名時寫到明阿邊個邊個佔整個物業嘅業權幾多個百分比，寫清晒，無交嗌嘛。

Q: 馬來西亞嘅樓我見都係寫建築面積嘅，咁點計番個實用面積喫？

B: 我哋香港講嘅實用面積就真係計屋裏面嘅面積，所有露台、窗台同工作平台統統唔計。而馬來西亞嘅建築面積其實就係實際使用面積，但包露台，就唔計公家用嘅面積。

Q: 我真係好鍾意馬來西亞呢個地方，點樣先可以做長期居留證呀？難唔難喫？

B: 朋友，你有運行啦！馬來西亞政府搞咗個「馬來西亞——我的第二家園計劃」，只要你符合指定嘅條件就可以得到多次入境社交簽證，目的就係為咗方便海外人士可以長期居留喺馬來西亞，而呢個多次入境社交簽證有效限期係 10 年，期滿之後仲可以史新簽證。而申請人仲可以帶埋你嘅老公／老婆、未滿 21 歲未婚嘅仔女，同埋年滿 60 歲以上嘅父母過去，一齊喺馬拉生活添。

要有啲咩資格？睇睇以下嘅條件先啦，唔係好難喫咋。

財務需求

50 歲以下嘅申請人就必須要證明你至少擁有 50 萬馬來西亞令吉（約 100 萬港紙）嘅流動資產，同時證明到你每月擁有嘅海外收入有 10,000 馬來西亞令吉（約 20,000 港紙）。

至於 50 歲或以上嘅你就必須要證明你至少有 35 萬馬來西亞令吉（約 75 萬港紙）嘅流動資產，同樣地你都要同時證明到你每月擁有嘅海外收入有 10,000 馬來西亞令吉（約 20,000 港紙）。如果你已經退休嘅話，咁就要出示獲得政府認可嘅退休金證明，每月金額都係要有 10,000 馬來西亞令吉（約 20,000 港紙）。

咁樣做只係為咗證明你過到去馬來西亞時有足夠嘅財力去過你嘅生活。當馬來西亞政府移民局收到你嘅申請而向你發出一份「附帶條件批准涵」時，你就要搞下面呢堆嘢喇：

50 歲以下嘅你就需要用 30 萬馬來西亞令吉（約 60 萬港紙）喺當地銀行開一個定期存款戶口。過咗一年期限之後，你最多可以拎番 15 萬馬來西亞令吉（約 30 萬港紙）作為買樓或車，同埋仔女喺馬來西亞嘅教育同醫療相關嘅開支。簡單啲講即係話你一年後最多只可以拎呢個定期戶口裏面嘅一半錢啫，因為由第二年開始至到參加呢個計劃完結為止，你必須要保存另外嗰一半錢，即至少 15 萬馬來西亞令吉（約 30 萬港紙）。

若然你成功申請，如果你買一層價值 100 萬馬來西亞令吉（約 200 萬港紙）嘅樓，只係需要符合存款要有 15 萬馬來西亞令吉（約 30 萬港紙）。咁呢樣嘢由於時間關係你已經做咗啦，所以你買樓嘅同時就已經攞埋地契同土地擁有權檔，除非你唔再 Join「馬來西亞——我的第二家園計劃」，如果唔係呢個戶口裏面嘅錢你都唔好低過 15 萬馬來西亞令吉（約 30 萬港紙）呢個數。

至於 50 歲或以上嘅朋友，你就需要開一個裏面有 15 萬馬來西亞令吉（約 30 萬港紙）嘅定期存款戶口，或者出示獲得政府認可嘅退休金證明，每個月嘅金額係 10,000 馬來西亞令吉（約 20,000 港紙）。

同樣地一年限期過咗之後，你可以喺個戶口拎最多 50,000 馬來西亞令吉（約 10 萬港紙）嘅錢出嚟買樓或車，同埋仔女喺馬來西亞嘅教育同醫療相關嘅開支。由第二年開始至到參加呢個計劃完結為止，你必須要保存至少 10 萬馬來西亞令吉（約 20 萬港紙）喺呢個戶口裏面。

都係啦，如果你喺馬拉買層樓價係 100 萬馬來西亞令吉（約 200 萬港紙）或以上嘅物業，你要符合有一個戶口有至少 10 萬馬來西亞令吉（約 20 萬

港紙）嘅存款，由於時間關係你已經有，咁所以你買樓嘅同時就已經攞埋地契同土地擁有權檔，除非你唔再參加「馬來西亞——我的第二家園計劃」，如果唔係呢個戶口裏面嘅錢係唔可以隨便郁佢。

除咗錢之外，馬來西亞政府都好關心你同你屋企人嘅身體健康狀況㗎，所以申請人同你嘅老公 / 老婆 / 仔女都需要交一份由馬來亞西任何一間私家醫院或註冊診所幫你做嘅驗身報告。另外，申請人同佢嘅家人必須要向馬來西亞認可嘅保險公司，買份醫療保險，任何一間都可以㗎喇。但係如果你係因為年紀或者身體健康狀況而買唔到嘅話，咁就可以豁免呢條條款。

最後，申請人係需要繳交保證金，如果你係自己向馬來西亞移民局申請嘅話，咁你就可以直接去移民局度，按照國籍規定嘅保證金列表去交款，金額由 200 至 2,000 馬來西亞令吉（約 400 至 4,000 港紙）。但你係通過一啲 agent 幫你搞嘅話，咁佢哋就會幫你同你屋企人畀個人保證金啦。

投資者 Q&A

Q: 如果我喺馬來西亞買層樓，以 Airbnb 方式出租又如何呢？

B: 根據馬來西亞城市福利、房屋同地方政府部門喺 2016 年 8 月針對「酒店業者投訴 Airbnb 為非法商業活動事件」時回應話，Airbnb 喺馬拉不屬於違反法例，只要唔犯規或涉及欺詐就可以。最重要就係講到明中央政府喺現階段無意擬定新法例管制 Airbnb，亦都無計劃發出執照畀將間屋以 Airbnb 方式出租嘅業主。所以喺呢個合法嘅情況之下，你係可以將你喺馬拉嘅物業用 Airbnb 方式租出去嘅。

Q: 咁如果就咁出租間屋，唔用 Airbnb 方式呢？情況又點㗎？

B: 連 Airbnb 都得囉，就咁租出去又點會唔得呢。如果你買一手樓嘅話，有部分發展商會幫買家搵租客，即係有代租服務，一般都會講明有幾多租金回報率嘅。至於如果你係自己搵租客，或者搵 agent 公司幫你搞嘅話，咁就要視乎你層樓嘅地點，同埋通常業主都會包埋全屋傢俬電器先租到出去，吉屋就真係免問，一般一手物業回報率大約係 3% 至 5%，二手嘅話就再低少少。

仲有一樣就係喺馬來西亞出租單位嘅話，業主係需要交租金收入稅，計算方法就係將租金收入減去按揭、維修管理費等開支後，淨收入嘅 26% 就係你要交嘅金額。呢筆數對於包租公嚟講都係一個開支，所以放租之前圍一圍條數，有賺嘅而你又滿意嘅，咁咪放租囉。

參考資料：
馬來西亞民政事務部（Ministry of Home Affairs（Malaysia））
馬來西亞旅遊部（Tourism Malaysia Centre）
馬來西亞──我的第二家園計劃中心（Malaysia My Second Home Program，MM2H 中心）

隔山買牛你要知

越洋買樓第一步

　　睇到呢度，如果你睇唔啱呢四個地方係唔緊要嘅，但係咪開始對海外置業呢件事有啲心動，不過又有啲無從入手呢？明白嘅，正所謂「萬事起頭難」，無論你想喺邊度置業都好，循住以下嘅步驟去諗、去度、去 plan，最後你都會搵到你心目中嘅答案。

　　第一步就梗係要諗自己想喺邊個國家／地區買樓啦，你可以從國家／地區嘅遠近、風土人情、文化、習俗，甚至政治等各方面去比較。如果你係諗住買層樓嚟收租、投資嘅，經濟呢個部分你就要花多少少時間去研究。

　　你首先可以將一啲你熟悉嘅國家／地區抽出嚟，再從上述幾方面做一個較為概括嘅搜尋，有咗一個初步嘅了解之後，就可以將範圍收窄；剩低嘅地區再從上述幾方面做一個較為深入嘅研究，最終揀一個你認為最心水嘅國家／地區。

　　第二步就要開始了解一下你揀選出嚟嘅國家／地區有邊幾個地方／城市你係相對有深嘅認識，從而喺網上 search 一下，初步了解一下你心水嘅地方／城市賣緊啲樓嘅價錢大約係幾多，之後再對比一下自己嘅 budget 有幾多，咁喺「刪除法」之下就應該會刪剩最後嘅「佳麗」㗎喇。

　　呢個時候開始涉及 budget 嘅事，留意番買樓又真係唔係只預嗌錢同個層樓比較，仲會有其他雜費或者項款要畀，即使去到呢個位你只係對樓價有初步概念，但預 budget 就真係要預鬆啲。舉個例，如果你有 100 萬港紙 budget，可能你需要預留 20 至 30 萬港紙，變相樓價你最多都係

揀到去 70 萬港紙嘅就好喇。

　　若然落去呢個 step 先發現你首選嘅地方／城市同你預算嘅 budget 根本就係兩回事嘅話，咁你可以去第一步，搵番你嘅次選國家／地區，然後再做多次呢個步驟喇。

　　當搵到一個地方／城市嘅樓價係符合你預計嘅 budget 之後，你就真係可以主力去 search 呢個地方／城市嘅樓盤，從地圖上認識呢一個城市，再就住你個人嘅需要而去選擇地區。如果你一心諗住買樓嚟退休自住，首選就當然係搵一啲單位附近有診所、超市、街市、餐廳，甚至便利店咁，方便日常生活嘅就最好，其次如果你喜歡靜嘅，你可以揀近公園或者近海嘅地方，有車牌嘅話就更加偏遠少少都唔怕。

　　若然你係諗住放租嘅，你可以考慮買一啲近商業大廈、交通方便嘅地方，去搵一啲企業租客入住；就算租畀界當地人，交通方便都已經係一個賣點，近鐵路沿線嘅樓都可以租貴啲；就算你之後唔再租出去，賣出去叫價可以高啲，就算係自己住，日後嘅生活都方便啲呀。

　　如果你已經為人父母，買層樓嚟諗住帶埋小朋友過去讀書嘅話，咁近學校就真係有着數喇。

　　總而言之，每個人背後都有一個海外置業嘅故事，無論係咩原因、買邊度都好，budget 始終都係最重要同守尾門嘅一環。

揀好咗大約地區同範圍之後，就真係可以確確實實咁 search 嗰一區嘅樓盤，呢個步驟就真係同你喺香港搵樓時差唔多，可以睇番到底嗰一區有邊類型嘅樓你係可以負擔得起，同時大部分人都係會搵一啲香港有代理海外物業嘅地產代理。睇啱幾個，儲低之後，直接打電話去就得啦。

如果你係諗住買嚟收租嘅話，你可以選擇一房至兩房戶型，細間啲可以適合海外駐當地工作的人同小家庭租住；相反如果你諗住係自住嘅話，畀得起而有 budget 嘅，可以買大少少都唔怕，你知啦，住落咗就會唔覺唔覺買好多家品／家電返去，你望吓你依家住緊／租緊嗰度，有幾多雜物霸住你啲位？如果你有小朋友嘅話，咁你需要嘅空間就可能更大喇。

揀好幾個心水盤之後你就可以嘗試聯絡地產經紀，最好就約埋個經紀一齊出嚟傾吓你想買邊個地區、買咩戶型、budget 係幾多等等，有時你喺網上見到嘅盤未必係成間地產盤嘅所有盤㗎，你同個經紀熟嘅話，分分鐘佢有啲私伙盤介紹你都未定。啱唔啱唔唔緊要，有得揀先係老闆嘛。

當睇中幾個盤之後你可以實地考察，雖然好多時 agent 都會畀大量嘅相你去參考，但又點及得你親身過去走一趟呢？就算最終睇唔啱，要重頭揀過，但你都可以親身去體驗一下到底你揀嘅呢一個區同你見嘅有無出入，畢竟有時上網搵嘅資料可能已隔咗一段時間，甚至你當去個旅行都得㗎！

最後，只會有兩個結果出嚟，同 12 碼一樣：一係入，一係唔入；一係睇啱，一係睇唔啱。

睇啱嘅就拜託個經紀幫你處理文件，搞買樓手續、同銀行申請按揭。

另一方面你又要睇睇點樣幫自己或者屋企人搞移民過去。

睇唔啱唔緊要，將以上嘅 step 再做多次囉。喺邊度跌低就喺邊度爬番起身嘛。

事前準備功夫

當你揀啱你心水物業之後,你就應該着手做物業買賣嘅步驟。雖則話「各處鄉村各處例」啫,不過有啲比較大範圍嘅事,只要你涉足海外樓市嘅話,基本上都係小心啲好嘅。

第一:業權同地權

喺外地買單棟樓、別墅或者分層單位等,其實唔理你係咩類型都係會涉及業權同地權問題,呢個時候就必須要睇清楚業權係唔係「永久性業權」或者係「租賃地」,有啲國家甚至無地權,只係得物業或者建築物嘅業權。

另外,喺買樓之前都要了解條款,例如層樓嘅地皮係咪同你嘅鄰居共享?如果之後想改建土地用途嘅話,咁可能就需要你嘅隔籬鄰舍(業權擁有人)嘅同意等等。

第二:稅制

買樓交稅幾乎係每個國家嘅指定動作,所以呢個範疇多多少少你都要知,如果你有時間嘅話就一定要去研究研究。簡單如香港都有幾款唔同嘅稅項,好似係買家印花稅、雙倍印花稅、從價印花稅等等,而外國亦都可以有類似嘅稅項,目的都不外乎係打壓樓市,免得被外資炒得太勁。仲有,若然你賣樓後可能要交利得稅,如果你買層樓用嚟度假而唔會租出去嘅話,仲有一款叫做空置稅、資產增值稅、差餉、物業轉讓稅、城市發展稅等等,即使稅款只係相當於樓價幾個 percentage,但加加埋埋都可能係一筆唔細嘅金額需要你去找數。

第三：外匯

買得海外樓就知道一定係用當地嘅貨幣找數，喺 24 小時、年中無休嘅匯市下，就會出現咗匯率價格變動嘅風險。當你睇中層樓，直至你交易嗰刻，就算個業主無加價亦無減價，但係到你兌番港紙嘅時候，由於匯率有機會出現唔同嘅情況下，你可能會畀多或者畀少咗。

始終買樓要換嘅金額同你平時去旅行嘅差好遠，可能少少嘅變動，你使多／少咗嘅錢就以萬元嚟做單位，買嘅兌平咗、賣嘅兌多咗就話啫；但買嘅兌多咗、賣嘅兌少咗，咁就真係無仇報喇！

順帶一提，有啲國家係有外匯管制或者不明文規定嘅匯款管制，人銀碼嘅可能要分幾次兌換先可以找得清條數，呢點就真係要喺畀錢嘅 deadline 前搞清楚呀。

第四：按揭貸款

講起錢，又點可以唔提按揭呢一 part 呢，如果你係大戶可以一筆畀晒嘅話，咁你就可以 skip 咗呢個部分，否則就要留意一下喇。

首先要知道嘅係並唔係間間銀行都會為海外投資者提供樓按服務，一般嚟講一啲國際性嘅銀行先會提供呢種服務畀海外買家，其次就係銀行就海外買家承造嘅按揭，有機會畀當地人借得少、利息高，可以嘅話海外買家應比較唔同銀行所做嘅按揭成數、息率、還款期同埋借貸貨幣。

第五：海外物業代理

買家如果打算透過物業代理買海外樓嘅話，就需要搵啲相熟、有往績嘅地產經紀幫你，同時都要留意番嗰間地產代理嘅信譽。根據地產代理監管局喺 2017 年底消息，由於接到港人購買海外物業投訴個案增加，所以該局決定喺 2018 年 4 月 1 日起規管本港銷售海外樓持牌地產代理，如果持牌代理被證實無遵守規定，地監局可能會採取紀律處分，包括訓誡、譴責、罰款、喺牌照上附加條件，甚至吊銷牌照。雖然地監局講咗 4 月 1 日打後銷售海外樓嘅地產代理必須持牌，但都唔排除中間可能有一個過度時期，但為咗保障你嘅權益，最好都係搵有牌嘅經紀幫你買樓啦。

第六：發展商

發展商有咩好留意？最好梗係揀一啲實力雄厚、歷史悠久嘅發展商出售嘅樓啦。不如睇吓以下嘅新聞：

2017 年 11 月 22 日《蘋果日報》報道

……其中英鎊近年低企，吸引不少港人隔山買牛。不過，早前就有港人透過本港地產代理，購買英國 5 個發展項目的未建成樓宇單位，惟最終「爛尾」收場。……過去 3 年，地監局及消委會平均每年只接獲約 10 宗及 13 宗投訴。

2018 年 2 月 14 日《香港 01》報道

消委會於 2017 年共接獲 35 宗有關海外置業的投訴個案，與 2015 年只得 16 宗比較，大幅增加逾 1 倍。有投訴人指，於 2015 年斥 74 萬港元購買英國樓盤的樓花，並支付一半的首期，惟發展商因債務問題，已停止興建項目。

呢啲新聞講緊嘅就係「海外爛尾樓」。喺香港買唔到樓都算啦，去到第二度諗住可以以一個低啲嘅價錢買到一個「似樣啲」嘅單位，收租又好、退休又好，若然唔好彩買着個「爛尾盤」嘅話，唔單止層樓「爛尾」，衰啲講句可能你嘅美好夢想都「爛尾」，咁又何必呢？

以上呢六大注意事項，無論你喺邊度買樓，都要記住呀！

參考資料：
地產代理監管局

各地樓價比較

　　姑勿論你買層樓返嚟係自住定係放租，甚至經營民宿或 Airbnb，始終真金白銀買咗個物業返嚟就屬於你嘅資產。雖則話做海外投資就最好搵一啲自己熟悉嘅地方，然後再深入了解一下呢個地方到底發生咩事；但同時既然你嘅資產都投放海外，何不個人眼光同知識唔放遠啲呢？知道其他國家嘅樓市情況，對你下一次再買海外樓時都可能有啲幫助。

　　其實坊間有唔少國際性嘅物業公司隔一段時間就會發布一啲全球樓市情況嘅報告，而最近嗰份就應該係萊坊喺 2017 年 9 月發表 2017 年第二季《全球樓價指數》，呢條指數就會比較全球 55 個地方嘅一般住宅樓價走勢，當中包括咗部分亞太區嘅城市，主要係講番依家各國地區嘅樓市升值情況，由於係用一般住宅計算，所以啲「天價樓」或「海嘯價」呢啲唔能夠真實反映樓市狀況嘅成交係唔計算在內，所以適合普羅大眾同一般投資者作為一個小小嘅參考。

　　截至 2017 年 6 月底止，以各地購買力嚟計，指數數值按年升幅為 5.6%，低過 2017 年首季嘅 6.5%。而第二季我哋香港嘅排名就當然繼續領先啦；但原來冰島先至係全個地球嘅 best of the best。

萊坊 2017 年第二季《全球樓價指數》調查結果

排名	國家／地區	按年變化	按半年變化	按季變化
1	冰島	23.2%	11.6%	6.5%
2	香港	21.1%	8.9%	5.8%
3	馬耳他	14.6%	1.9%	0.6%
4	加拿大	14.2%	8.6%	6.1%
5	捷克共和國	12.7%	7.8%	2.9%
6	土耳其	12.7%	6.7%	3.1%
7	愛沙尼亞	10.7%	0.0%	0.5%
8	匈牙利	10.5%	9.2%	2.9%
9	印度	10.5%	3.1%	0.8%
10	新西蘭	10.4%	0.6%	0.3%
⋮	⋮	⋮	⋮	⋮
12	中國	9.6%	3.4%	2.1%
28	馬來西亞	5.3%	1.3%	0.8%
32	印尼	3.2%	2.4%	1.2%
44	台灣	1.2%	3.4%	0.8%
50	日本	-0.2%	-0.2%	0.0%
54	新加坡	-2.1%	-0.1%	-0.1%

　　香港樓市可以有幾癲基本上都可以喺呢個表睇到，而同時亦發現大部分亞洲地區排行都比較低，先排除唔計 Top 10 嘅歐洲城市，從揀選咗出嚟嘅亞洲地區之中，台灣同日本仍然屬於偏低水平，莫講話對比香港，就算係對比排行第 12 位嘅中國，甚至係排行第 28 位嘅馬來西亞，樓價都仲有幾條街可以追，對於投資者嚟講，不論你係一買一賣還是長線收租，喺呢啲地方買「磚頭」追落後確係首選，樓價仍然有上升嘅空間。

租金回報率比較

　　講起長線收租，對於「包租公」或者「包租婆」嚟講，收幾多租同租金回報率就應該係佢哋最關注嘅一環，事關買咗層樓返嚟租得雞碎咁多，咁不如收返嚟自己住好過。Global Property Guide Research 就亞洲區國家／城市做咗個關於租金回報率嘅調查，諗住收租嘅你，不妨參考吓：

亞洲區國家／城市平均租金回報率

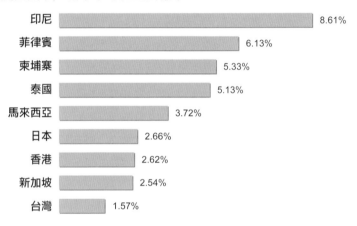

印尼	8.61%
菲律賓	6.13%
柬埔寨	5.33%
泰國	5.13%
馬來西亞	3.72%
日本	2.66%
香港	2.62%
新加坡	2.54%
台灣	1.57%

　　「包租公」或者「包租婆」見到呢個圖之後，相信對亞洲各國家／城市嘅租金回報率都有概括嘅印象，我哋有介紹嘅泰國同日本租金回報率都比香港為高，至於台灣嘅租金回報幾乎低絕全亞洲，原因都喺本書「台灣篇」都有提及，離不開台灣人本身抱住「有樓結婚」嘅概念，令到租屋嘅人大幅少於買屋嘅人，所以會有咁嘅情況出現；留意番，呢個研究報告嘅數據係針對住宅物業，所以以民宿或 Airbnb 方式出租嘅數據係唔計算在內，但你都可以作為參考之用。

平均呎價比較

如果正準備退休嘅你，辛辛苦苦儲咗舊錢，但退休唔再想喺人多、車多、生活擠迫嘅香港住，從而萌生搬去一個生活悠閒嘅地方，你當然可以選擇到海外買樓啦；不過經濟上，往後你可能擔心嘅喺無收入嘅情況下，有番咁上下年紀嘅你要為自己準備一個「有瓦遮頭」嘅地方，可能需要一筆過畀清樓價。

另外，對於後生仔嚟講，你可能畢業出嚟做嘅一段時間，慳慳埋埋儲落嘅錢都負擔唔起樓價；又或者眼見身邊朋友、傳媒報道一啲「80後」、「90後」出國創業做老闆，然後心思思自己都想到外地闖一闖，打開 online 戶口見到自己嘅存款額，可能已經「唉」咗一聲。

事實退休族同年青人，比起一班專業人士，甚至係投資者，某程度上出現資金有限嘅情況機會率高啲，咁事前就可以參考一下以下呢個 2017 年公布嘅《亞洲區主要國家／城市樓價》，從亞洲區各地嘅樓市平均呎價裏面，就當係你着手去搵心水盤之前，可以粗略計到你手頭上嘅資金能夠負擔得起邊個國家／城市嘅樓。

亞洲區主要國家／城市平均呎價

國家／城市	平均呎價（美元／平方米）	平均呎價（港元／平方呎）
香港	26,325	19,086.0
日本	16,322	11,833.7
印度	15,525	11,255.9
新加坡	13,748	9,967.5
台灣	7,112	5,156.3
菲律賓	7,112	2,865.3
泰國	3,952	2,865.3
馬來西亞	3,441	2,494.8
柬埔寨	2,913	2,112.0
印尼	2,889	2,094.6

睇住個表，見到香港高踞榜首，大家應該都唔會覺得驚訝，對比起港人至愛嘅日本，平均呎價水平只係相當於香港嘅六成左右，概括啲講，即係話喺香港買一層樓，差不多可以喺日本買到兩層。

　　至於台灣同泰國就比香港更加低，分別係約 3.6 倍同 6.5 倍，所以話喺用香港買一層港島區藍籌屋苑三房嘅價錢，都真係可以喺台灣或者泰國買一棟獨立屋咁滯；倒返轉，如果你嘅投資成本大約 50 萬港紙嘅話，雖然銀行於海外買家批出嘅貸款額一般都會比當地人申請為少，但喺日、台、泰都可以負擔得到一層樓價約 100 萬港紙嘅物業，面積都有三百幾至四百幾平方呎，呢個 size 喺香港買嘅話，就係自由市場嘅居屋都索價「四球」樓上啦；若然唔係市中心地段嘅話，樓價可能會再低一啲，面積又會大一啲。

　　又如果你諗住揀嘅地方係再冷門啲嘅東南亞地區例如柬埔寨或者印尼咁，用番上面堆數字嚟計，柬埔寨或者印尼物業平均呎價分別係 2,094 港紙同 2,112 港紙，用 50 萬嚟一鋪過找晒條數唔問銀行借嘅話，大概買到一層面積約 236 至 238 平方呎嘅樓，面積已經大過喺紅磡有劏房之城之稱嘅嗰棟物業最細嘅單位（194 平方呎），呢個盤當年開售時，發展商係有提供優惠，但折實都盛惠 297 萬港紙呢。

　　計好條數就心動不如行動，開始上網搵更多資料，做定功課啦！

參考資料：
萊坊研究部
Global Property Guide Research

關你樓事———
Ben Sir海外睇樓團

作者：	歐陽偉豪博士
出版經理：	林瑞芳
責任編輯：	陳銘洋
資料搜集：	黎佩珊
封面設計：	Bed
美術設計：	陳逸朗
出版：	明窗出版社
發行：	明報出版社有限公司
	香港柴灣嘉業街 18 號
	明報工業中心 A 座 15 樓
電話：	2595 3215
傳真：	2898 2646
網址：	http://books.mingpao.com/
電子郵箱：	mpp@mingpao.com
版次：	二〇一八年七月初版
ISBN：	978-988-8445-76-9
承印：	美雅印刷製本有限公司